ミミズの農業改革

金子信博

みすず書房

1　地中性ミミズの糞。ミミズは人知れず、大量の落ち葉や土を食べている。

2　ミミズの糞は耐水性団粒となる。無機態窒素が多く、保水力と排水性を併せ持つ。

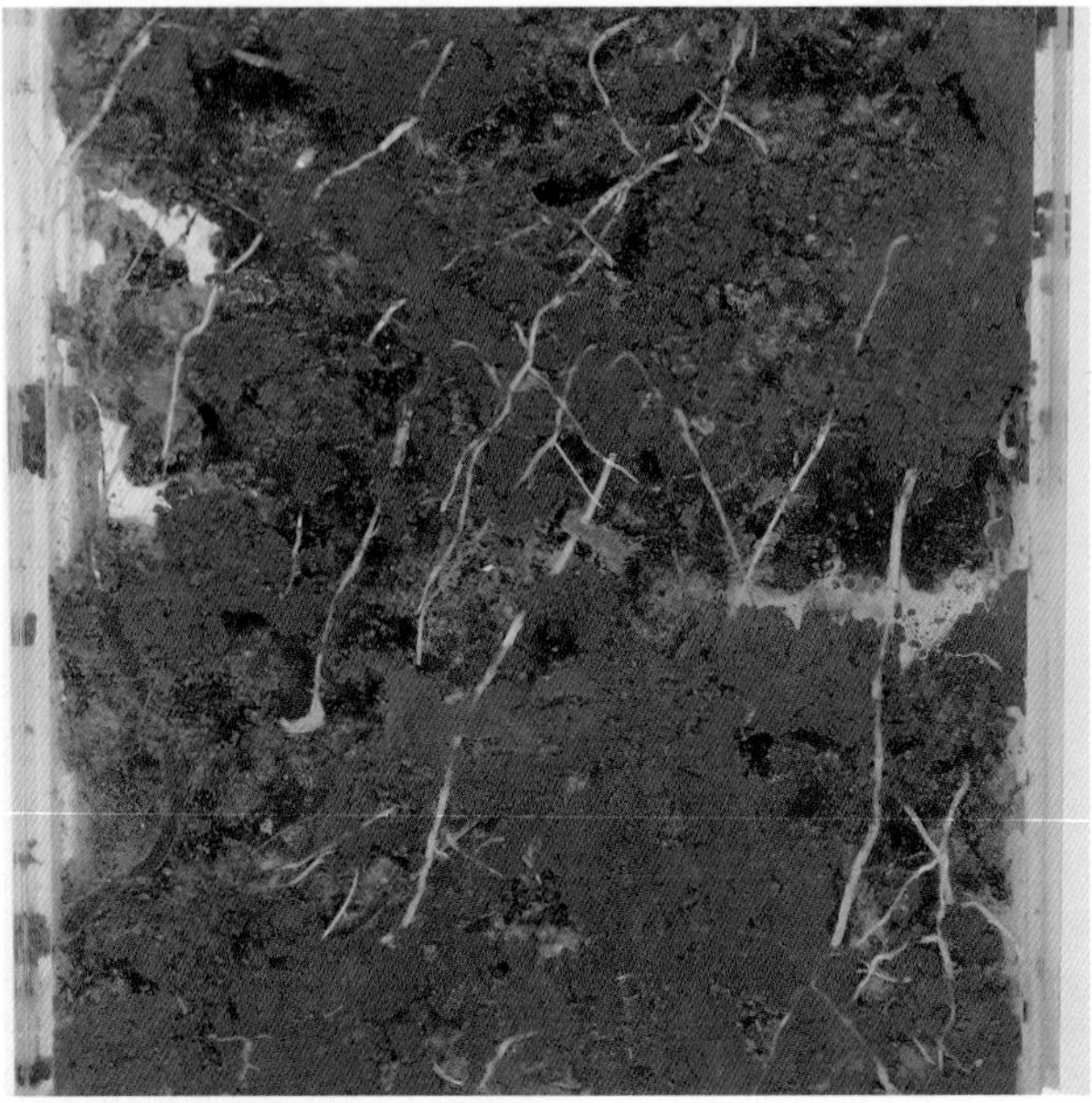

3　根とミミズの坑道。左にミミズがいる。ミミズの坑道は雨水の排水路になる。

4　オオヒラタシデムシに食べられるミミズ。土壌生物はさまざまな機能を担っており、彼らの営みがその土地特有の土壌を形成していく。

5　地表のクモの巣。地中から湧き出てくる生物を狙う低いクモの巣は、土壌生物が多い証だ。耕すと、土壌生物は激減する。このような巣も見られなくなる。

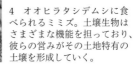

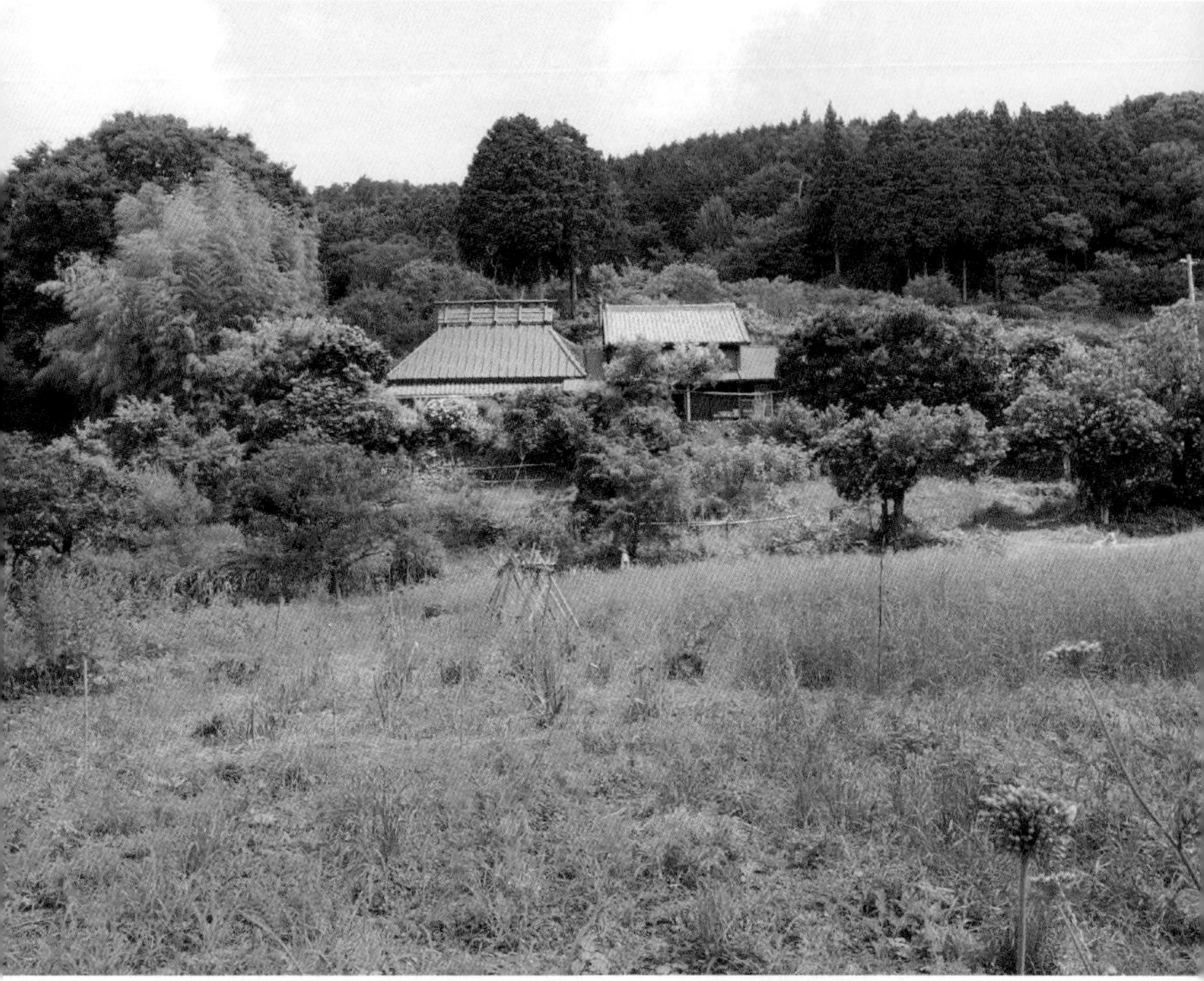

6　畑と果樹園で不耕起・草生栽培を行う福津農園（愛知県新城市）の風景。手前は野菜の畑。その土はふかふかととても柔らかい。

8　耕さず刈り取った雑草を敷いた畑で芽を出すコムギ。

7　カバークロップを倒したあとにトマトの苗を植える［自然農法無の会撮影］。

9　ネパール、カトマンズ郊外の不耕起草生試験地。試験開始から3年で、右側の耕起区では土壌侵食が進み、左の不耕起区と地面の高さに差が生じている。

10　耕起畑の土壌侵食の例。土壌が流れた跡がある。白く見えるビニールマルチ以外の地面は裸で、雨とともに表土が失われていく。

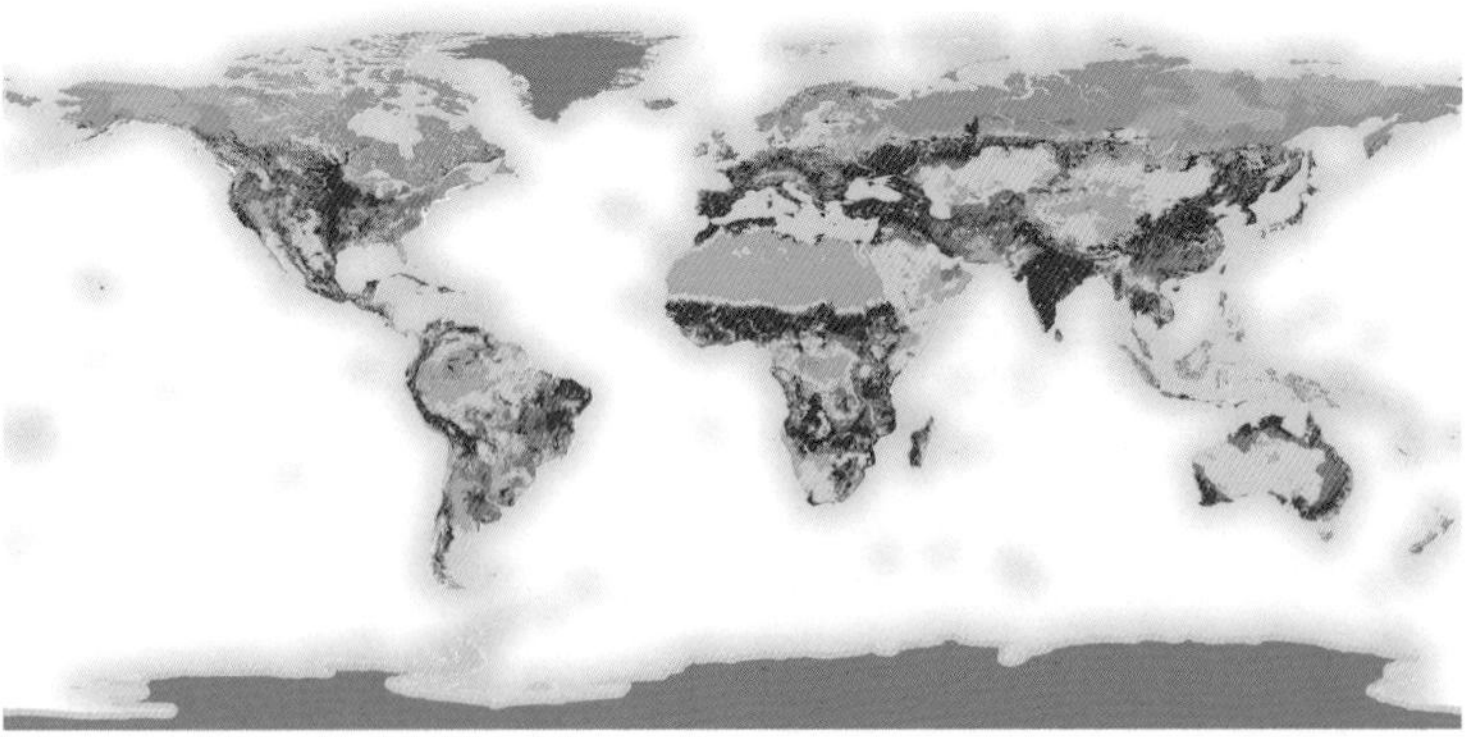

11　土壌生物の多様性に対する潜在的な脅威を表す地図。赤は脅威の大きい地域、黄は一定の脅威がある地域、緑は脅威の小さい地域。土壌生物の多様性を失うことは、生態系サービスの喪失につながる［文献6章の（4）を元に作成］。

ミミズの農業改革　目次

本書に掲載した写真の内、断りのないものは著者撮影による。

はじめに

農業は私たちの食を支える大事な営みである。しかし、日本では農業の担い手が高齢化し、若手の新規就農者が不足し、全国で耕作されない農地が増えている。一方、輸入したほうが安いということで燃料も肥料も食品も輸入に頼った結果、国際的にみて自給率がどれも異様に低い国となった。有機農業は世界中で拡大しているが、日本での農地の面積や市場占有度は1%に満たない。

このような状況、特に国際情勢の変化を受けて、国は「みどりの食料システム戦略」とその関連法を作り、さらに食料・農業・農村基本法の見直しを急いでいる。国内産より安ければ輸入するほうが食料安全保障の観点からよいという立場から、どのように変わるのか？　一度落ちた食料自給率を高めるのは容易ではないだろう。

私は農業そのものの専門家ではない。本書で書いていくように、ミミズをはじめとした土壌動物の研究をコツコツと行ってきたのだが、実は有機農業や耕さない農業にも関心があり、耕す農地と耕さない農地を比較する野外試験区を作りながら試行錯誤していた。しかし、はっきり言って農業に貢献するような研究はまったくできていなかった。そこへ、新設される農学系の学部に誘われ、5年前に現在の職場である福島大学に異動してきた。

異動後、農学系の教員・研究者や、地元の農業関係者、あるいは林業関係者と付き合うようになった。以前とはまったく違った環境で新たな学びも多かったが、すぐに農学の教員・研究者とも農業関係者ともほとんど言葉が通じないことに気がついた。自分の方が分野外なので、使う概念が分野やそれまでの教育、あるいは研究内容によって違うのは仕方がない。それでも、調査と思考を重ねる中で、農業における土の扱い方に関しては慣行農業の人々も有機農業の人々も何かが間違っているように思うようになった。現在の日本の農業では、土の扱いに関して小さな誤解が重なり、その結果大きな間違いを起こしているように見える。

私の感じた疑問を並べてみよう。

農業には化学肥料が欠かせないというが本当だろうか？　無肥料で十分な量を生産している農家は確かにいる。森林も肥料をやらなくても育つ。耕さないと土が硬くなって、生産力が落ちるというのは本当だろうか？　耕作放棄地を見ると、耕している農地よりも元気に雑草が育っているではないか。除草剤は農家の作業時間を大幅に削減したが、なぜ毎年除草剤を散布しないといけないのか？

私は大学で森林生態学を学び、最初の職場である島根大学では造林学を担当し、次の職場である横浜国立大学では土壌生態学という分野を造った。最後の職場として福島大学食農学類という新設の農学部に移り、農地の土の持つ機能を調べるうちに、ちょうど今が世界における農法の大きな転換期にあることに気がついた。

耕し、農薬を用いる慣行農業では土壌劣化は避けられない。それならば農地を、農薬や化学肥料などを使わないオーガニックな農法に転換したらよいのではないか？　福島大学に来る前から私はずっとこう思ってきたが、耕耘を行う有機農業では生産力がなかなか上がらなかったり、慣行農業から有機農業に移行する手順が確立していなかったりして、自信を持ってこのような転換を勧められなかった。しかし、時間はかかったものの、不耕起栽培をはじめとする土壌を保全する農地の管理手法を組み合わせれば、日本の風土に合い、環境負荷が少なく担い手も確保できる、真に持続可能な農法が開発できるとわかった。耕さないほうがうまくいくと聞くと意外に思われるかもしれないが、本書を読めばわかっていただけると思う。

第一部　土とは何か——人のいない世界について

第1章　土、身近なる未知

土、という言葉を聞くとどのようなイメージが湧くだろうか？　普段目にするのは、たとえばグラウンドの土、畑や田んぼの土、工事のためにどこかから運ばれてきた土などだろうか。土は常に私たちの足元にあるので、変化のない、あって当たり前のものに思えるかもしれない。しかし土は、陸上に生物が進出してから、数億年かけて作られたものである。もしも陸上から生物が消えたら、土は消え、もとの岩と砂ばかりの陸地に戻ってしまうだろう。土は、常に変化し続けている複雑な構造物であり、生物が存在する地球上にしかないものなのだ。

土ほど、私たちの身近にありながら、その実態が知られていない環境は他にないのではないかと思う。地球環境問題が日常的に論じられるようになってきたので、たとえば「世界的に土壌劣化が進行」し、食料生産に支障が出てこれから大変なことになると聞いたことがある人も多いだろう。土は、空気や水のように環境の重要な部分を占めている。土はやっぱり大切なんだなと思ってはいても、では実際になぜ、どのように大事なのかと問われると説明に困るのではないだろうか。身近でありながら、よくわからない存在。あるいは、多くの人はその一面しか知らない存在が土であるように思う。月や火星、小惑星に探査機が飛ぶ時代になっても、私たちの足元には未知の世界がある。

では、土とはいったい何なのか。土を一言で説明するのは難しい。砂と落ち葉をただ混ぜただけでは土はできない。空気のように、窒素が78％、酸素が21％……と組成が一律に決まっているわけでもない。土には「構造」があり、それはさまざまな作用が働くことで維持されている。

土は、岩石が風化したものに、生物が長い時間をかけて作用してできる。具体的には、微生物から植物、動物まで多様な生物が土に棲み、踏み固めたり、根を張ったり、分解したり、吸収したりして影響を与えあっている。私たち人も長い時間をかけて土を変えてきた。また、地層や気候も土地によって異なる。その結果、世界中で土地ごとに多様な土が形成され、それぞれ数億年にわたり変化し続けているのである。したがって、土を研究する学問分野は多岐にわたり、地質学、化学、物理学、そして生物学などがすべて含まれる。

このように土は複雑なものなので、どこに着目するかによって見え方が異なる。そこでまず、私が森林生態学の分野で土に出会った経緯と、農学における土とは何かを見た上で、土の生き物として誰でも知っているミミズを案内役にして、土の世界に飛び込んでみようと思う。

「土」との出会い

かくいう私も、はじめから土そのものに興味を持っていたわけではなかった。私は生物の研究や「生態学」という言葉にあこがれ、「森林生態学研究室」という名前にひかれて京都大学農学部に進学した。森林というと生物の中でも植物の研究が主であるように思えるが、私は動物のほうに興味があった。当時、演習林におられた渡辺弘之先生が1974年に書かれた『ツキノワグマの話[1]』というクマの本を知り、渡辺先生のところに行けば動物の研究ができるのではと考えた。そこで、学部の3回生の時に同級生を誘って渡辺先生にご指導をお願いして、自主的な勉強会を開催することにした。その時は、北米のオジロジカの個体群管理の英語の文献を一緒に読んでいただいた。

学部の4回生になって卒論のテーマを考える時になっても、なんとか動物の研究をやりたかった。しかし、演習林の教員である渡辺先生には学生を受け入れていただけなかった。林学科の森林生態学研究室には土壌動物をテーマとされていた武田博清先生がおられたが、あいにく1年間タイに在外研究に出られていて、やはり卒論の受け入れはしてもらえなかった。結局、当時講師であった岩坪五郎先生のところで森林土壌の窒素無機化速度を野外で測定するというテーマに取り組んだ。窒素は植物の成長に欠かせない元素だが、空気中にある窒素（N_2）も枯れた植物に含まれる窒素も、そのままでは植物は吸収できない。そのため、枯れた植物の分解過程で無機態の窒素（アンモニア態や硝酸態の窒素）になったものを、植物の根から吸収している。

実は、土のことは授業で習ったにもかかわらず、4回生になって研究室に所属するまでまったく意識していなかった。また、当初は土壌窒素の無機化に動物が関係しているようには思えなかった。しかし、結果的に窒素無機化は土壌の持つ重要な機能のひとつであると理解し、このテーマとはその後自分自身の研究でも長くつきあうことになった。土壌窒素の無機化には、動物も深く関係していたのだ。

さて、卒論を終え修士課程に進学した頃にちょうど武田先生も日本に戻ってこられたので、修士論文のテーマを相談に行った。すると、ササラダニという初めて聞く土壌動物の研究を勧められた。「僕はトビムシを研究しているから、君はダニでもやったら？」ときわめて軽い調子で言われたのだ。というわけで、急遽土壌動物の勉強をやることになり、かつて渡辺先生のところに一緒に行った同級生の天保好博君から青木淳一先生の『土壌動物学』[2]という大部の本を譲り受けて、ササラダニのところから読み始めた。

窒素もトビムシもササラダニも、一般の生物好きには今もってあまりアピールしない素材であるが、たまたまこういった対象から土の勉強を始めたことで、私独自の土の理解ができたように思う。それは一言で言えば、「根や微生物、そして土壌動物が土というしくみを運営している」ということである。よく「土は生きている」というが、あくまで比喩である。土は生き物に維持され、生き物の振る舞いに敏感に反応しているので、土だけを見ても自律的に生きているように見えるのかもしれないが、生き物がいなくなれば、土は確実に「死ぬ」。なお、後から気が付いたのだが、渡辺先生は守備範囲が広く、本書の主役であるミミズも先生の主要な研究テーマであった。

こんな風にして、私は人の手が入らない森林で土と土壌動物がどう関わっているかを研究するようになった。まず自然環境における土を見たことで、のちに農地における土を別の視点で見ることができるようになったと言えるかもしれない。

農学における「土」

土に関する学問として、土壌学という伝統分野がある。農学部には古くから農芸化学という分野があるが、土壌学はその始まりから農芸化学を代表する領域であった。農学の分野では、土は農業生産の基盤である。そして化学肥料の発明は、土を化学的に理解する研究を大きく進展させた。それは簡単にいうと、肥料分が土でどう保持され、植物への供給がどう進むかを元素や化合物別に調べる研究である。

植物は水と二酸化炭素、そして窒素やリンといった栄養塩類（生元素）と光エネルギーを使って光合成をし、有機物を作り出す独立栄養生物である。光合成は細菌から藻類、そして維管束植物まで多くの生物が行うが、私たちの身の回りの森林や農地では、維管束植物が光合成の主役である。維管束植物は土に根を張って自らを支えるとともに、根を通して土から水分と栄養塩類を吸収している。

ここで、栄養塩類という言葉を初めて聞く読者も多いかもしれない。化学で塩《えん》と言えば、酸と塩基がイオン結合したものであり、水に溶けると陽イオン（酸）と陰イオン（塩基）を生じる。食塩、すなわち塩化ナトリウムはその一例にすぎない。そして、水素、酸素、炭素以外の生体を構成する元素は基本的にイオンの形で根から吸収される。つまり、植物が生活するために必要な元素（必須元素）は、塩の形で結晶として固定できる。これすなわち化学肥料である。また、生物に必要な元素という意味で「生元素」と呼ばれることもある。これで、肥料の役割がわかるだろう。農作物は水と光とCO_2だけではできず、土壌から栄養塩類を奪っていく。それを肥料で補うというわけだ。

さらに土壌学の分野では土壌物理学が発展した。化学肥料が発明された頃、人類は機械の動力を土壌学は、このような植物の生長に関わるさまざまな元素の循環と化学反応を扱う。

使って農地を耕すことができるようになった。耕すには土の物理的な性質をよく知る必要がある。土はさまざまな大きさの鉱物（粘土、シルト、砂、礫）と植物や微生物の遺体との混合物であり、これらの混合比が土の物理性を左右している。土の物理性は、耕しやすさの他に、水分の保持や排水の能力、土の隙間の空気の組成などにも影響していて、それらは植物の根にとっての生育環境を意味する。踏み固められたグラウンドのように土が固いと、雨水がなかなかしみこまず、植物の根も伸びにくい。耕すことで、土を柔らかくし、邪魔な雑草を根こそぎ排除できる。

以上をまとめると、農学ではそもそも土とは何かと考える時に、常に作物の生長への影響が意識されてきたと言える。栄養塩類や水分が適度に供給されており、なおかつ水分が多すぎて根が腐ることがない場合に作物の生長がよくなるので、「よい土とは、肥沃で、水もちと排水がよい土のことである」と考えられてきた。人は、土をこのように物理的・化学的に解釈し、その状態を管理するために介入し続けてきたわけである。

しかし、そもそも土は介入しなければ維持できないものなのだろうか。自然界では、多様な植物を育みながら、土が勝手に維持されているように見える。実はここまでの土の理解には、生物学的視点が欠けている。かつては、土の中に棲む微生物のほとんどが培養できなかったため、いったいどのような微生物がいるのか、その輪郭さえわからなかった。しかし昨今は、遺伝子解析の急速な発展もあって土の微生物のメンバーが一通りわかるようになり、微生物の役割と有用性が広く理解されるようになってきている。

ところが、農学の分野では、自然界の土は長らく病原菌の巣窟と考えられ、微生物の負の影響ばかりが注目されてきた。鳥や昆虫が農作物を食べる場合は被害や犯人が目に見えるので、被害の始まりがわかりやすいが、土壌病害の場合は、健康そうに育っていた作物がある日突然しおれてしまい、詳しく調べると病原菌のしわざであったとわかる、ということになりがちである。微生物はそもそも人の目には見えないので、事後的な対処が難しい。そこで、土にあらかじめ強力な薬剤を注入して、微生物をなるべく皆殺しにするという作戦がとられたりしてきた。土壌微生物と一口に言っても、その種類や数は膨大であり、作物に病気を起こす微生物はその中できわめてわずかだ。しかし、病原菌だけ殺す農薬はないものだから、まとめて殺すということが行われてきたわけだ。すると、もはや生物によって維持されなくなった土が残り、物理的・化学的介入が必要になってくるというわけである。

私自身は、このような農学の中の土壌学やその応用としての農学とはほとんど関係ないところで研究をしてきた。しかしどういうわけか、今は農地の土に関心があり、農場で試験研究も行うようになった。農学の外の立場から農地の管理や研究を見ていると、そもそも土が生物の生息場所であり、生物が土を作ってきたという視点を大いに欠いているように思える。この私の違和感を実感するには、一旦、人の視点を捨ててみるとよい。まずミミズを狂言回しとして、自然界の土がどんな場かを体感してもらおうと思う。

ミミズと一緒に土に潜る

「それでは、ミミズになったつもりで土を感じてください」と言われても、いきなりミミズになりきるのは難しいだろうから、まず彼らの生態を紹介しよう。ミミズと言っても後で詳しく述べるようにいろんな種類がいるのだが、とりあえず各自の頭に浮かんだ大きさや色のミミズで問題ない。すなわち、その動きが私たちの目に見えるサイズで、体の表面がぬるっとしている、あの柔らかく細長い生き物である。

ミミズも土と同様で、知らない人はいないと思うが、逆に詳しく知っているという人も少ないだろう。もし雨の日に出てきたミミズを見つけたら、じっくり見てほしい。まず、ミミズには背と腹がある。たいていのミミズは背のほうが腹よりも色が濃い。地面にそっと置いて様子を見ていると、ミミズは必ず背を上に、腹を下にして動き出す。ミミズは先端に口があり、尾端に肛門がある。口は水平方向に切れ込むが、肛門は縦に切れ込んでいる。このあたり、人と似ていておもしろい。ミミズには目はないが、光は感じるので重力の情報とあわせて背と腹の位置を整え姿勢を保っている。しげしげと観察しているうちに、地面に置かれたミミズは危険がないと感じたのか、本来の動きを始め、やがて土に潜ろうとし始める。土は適度な硬さと柔らかさを持っているとしておこう。

ミミズは環形動物に属し、骨のような硬い組織をもたない。ではなぜ自分の体より硬い土に潜ることができるのだろうか？　ミミズの体は隔壁で分けられた体節が前から後ろまで並んでいて、口から肛門までその隔壁を貫いて消化管が通っている。各体節の間では体液がほとんど移動しない。言い換えると、ミミズは体液が詰まった長い袋をさらに隔壁で細かく分けたつくりをしている。水の詰まった袋の容積は一定なので、ミミズが体を長く伸ばすと細くなり、反対に短くすると太くなる。体を細くすることで土の隙間に入り、太くすることでトンネルを広げることができる。(3)　また、地中深くに生息する種類のミミズを見ていると尾端がふくらんでいる。これはトンネル内を移動するときに尾端をトンネル内で固定し、前方に体を押し出すためである。また、体節の表面には剛毛が生えている。剛毛は体の後方に向かって伸びているので、前進するときに土にひっかけて、トンネルの土を支点に前に進む。後退する時は剛毛の角度を変えることができる。

こんな風にして土の中を柔らかい動物が進むのは大変そうに思えるが、土には実はそれなりに隙間がある。ちゃんと測ると鉱物や有機物といった固体の部分は土の容積の半分以下であることが多い。意外と少ないと思う人が多いのではないだろうか。**図1－1**は横浜国立大学構内の試験地に耕す区画（耕起）と耕さない区画（不耕起）を設け[4]、そこで測った畑地の空隙率である。

　この図を見ると、土の隙間は55・5から63・2%もある。そのため、ミミズが通るときは周囲の土をどかせばなんとか通り道を作ることができる。この隙間には普段は空気があり、雨が降ると一時的に水分が充満することになる（**口絵3**）。

　さて、ミミズの土壌での生活は**図1−2**のように3種類に分けることができる[5]。落葉の下、土壌の浅い層で生活するミミズを「表層性」、坑道を掘り常に土の中に棲んでいるミミズを「地中性」と呼んでいる。また、地中に坑道があるが、土の表面にある落葉を食べているミミズを「表層採食地中性」と呼んでいる。

　土の中にある隙間は大きさがまちまちである。ミミズがそのまま通れるような大きな隙間から、粘土鉱物同士のきわめて小さな隙間までさまざまだが、大きな隙間はそんなに多くない。そのためミミズにとって土に元からある隙間だけでは十分ではない。

　そこで、ミミズは自ら穴を掘る。表層の柔らかい土なら頭から突っ込んで隙間を広げて移動できる。実際、多くのミミズは表層性で、落ち葉の下から土壌表層数センチのところまでを生息場所としている。土壌表層は隙間が多いだけでなく、土壌粒子をかき分けるのも楽である。

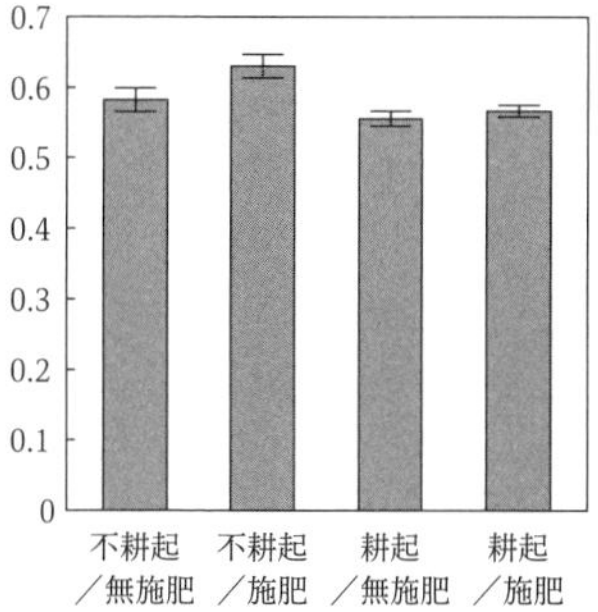

図1−1　横浜国立大学試験地の土壌空隙率（平均値±標準誤差、標本数4）［文献（4）を元に作成］

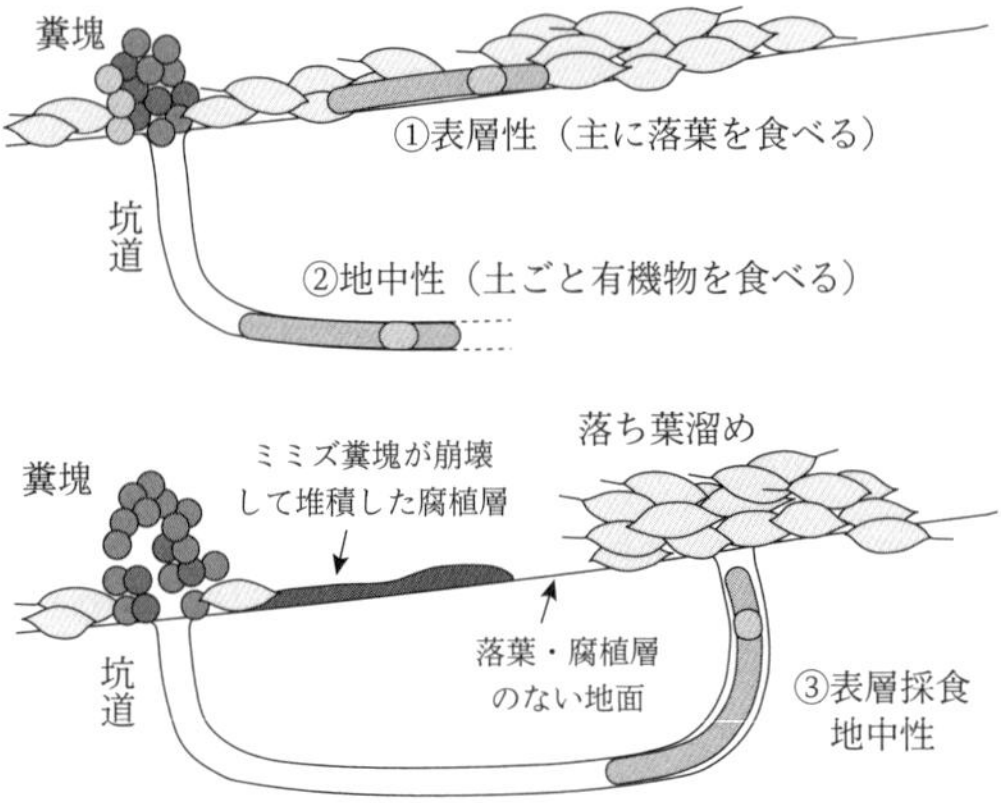

図1−2　ミミズの生活型［文献（5）を元に作成］

一方、より深く硬くしまった土では、土を体で押しのけるだけでは隙間を十分開けられないので、別の方法でトンネルを掘る必要がある。そこでミミズは土を食べることによって穴（坑道）をあけていく。食べた土は後方に排泄する。芝生の上に小さな土の粒がかたまって乗っているのを見たことがあるかもしれない。これは地中にトンネルを掘るミミズ、地中性ミミズの糞である。トンネルを掘った際の残土と言ってもよい。

糞からその行動がわかるミミズもいる。**図1−3**の左は沖縄本島北部の森林に生息するヤンバルオオフトミミズという30センチ以上になるミミズの糞である。地中で暮らすミミズはそれほど大きくないものが多いが、似たような暮らしをしていても、とても大きくなるミミズもいるのだ。このミミズは地表の下20センチくらいに、水平に掘った専用の坑道を持っている。坑道は枝分かれがなく1本道で、食事用の開口部とトイレ用の開口部が地表にある。当地の土は黄色土に分類される明るい色で、その上に落ち葉が腐りながら混入した暗い色の土の層がある。糞のうちの明るい色のものは、このミミズが自分の棲む坑道を拡張するために黄色土を食べて出し

読者カード

みすず書房の本をご購入いただき，まことにありがとうございます．

書　名

書店名

・「みすず書房図書目録」最新版をご希望の方にお送りいたします．

（希望する／希望しない

★ご希望の方は下の「ご住所」欄も必ず記入してください

・新刊・イベントなどをご案内する「みすず書房ニュースレター」（Eメール）をご希望の方にお送りいたします．

（配信を希望する／希望しない

★ご希望の方は下の「Eメール」欄も必ず記入してください

（ふりがな） お名前　　様		〒
ご住所　都・道・府・県	市・郡	
	区	
電話　（　　　）		
Eメール		

ご記入いただいた個人情報は正当な目的のためにのみ使用いたします

ありがとうございました．みすず書房ウェブサイト https://www.msz.co.jp では刊行書の詳細な書誌とともに，新刊，近刊，復刊，イベントなどさまざまなご案内を掲載しています．ぜひご利用ください．

郵便はがき

料金受取人払郵便

本郷局承認

6392

差出有効期間
2025年11月
30日まで

113-8790

東京都文京区
本郷2丁目20番7号

みすず書房営業部
行

通信欄

（ご意見・ご感想などお寄せください．小社ウェブサイトでご紹介させていただく場合がございます．あらかじめご了承ください．）

図1－3　ミミズがつくる糞塊。右は一般的な地中性のミミズ、左はヤンバルオオフトミミズのもの

た糞だ。一方、ミミズが食事をする時には落ち葉と土を混ぜて食べるので、黒っぽい色をした糞ができる。

なお、このようにトンネルを掘る生活はモグラにも共通する。モグラはミミズを主食とする。ミミズは土壌の表層に多いので、モグラのトンネルも土壌の表層を走っている。ただ、モグラはミミズを追いかけてトンネルを掘るわけではない。トンネルがトラップの役目を果たし、トンネル内に出てきたミミズをすばやく移動して食べるのである。ミミズにしてみれば、土に潜っているつもりが大空間に出てしまい、ふたたび土に潜ろうとする間に捕まってしまうというわけだ。地中の大きな穴はミミズにとっては要注意なのである。

さて、ミミズの動き方を想像できたところで、適当な隙間を見つけて土の表面から中に潜ってみよう。ミミズは体表に粘液があるので、土の中を移動しても体が汚れる心配はない。彼らにとって、土はどんなところだろう。土の環境は地上とはずいぶん違っている。日光はささないし、風も吹かない。空気に比べると比熱が大きいので、土の温度環境は一日の変化も季節の

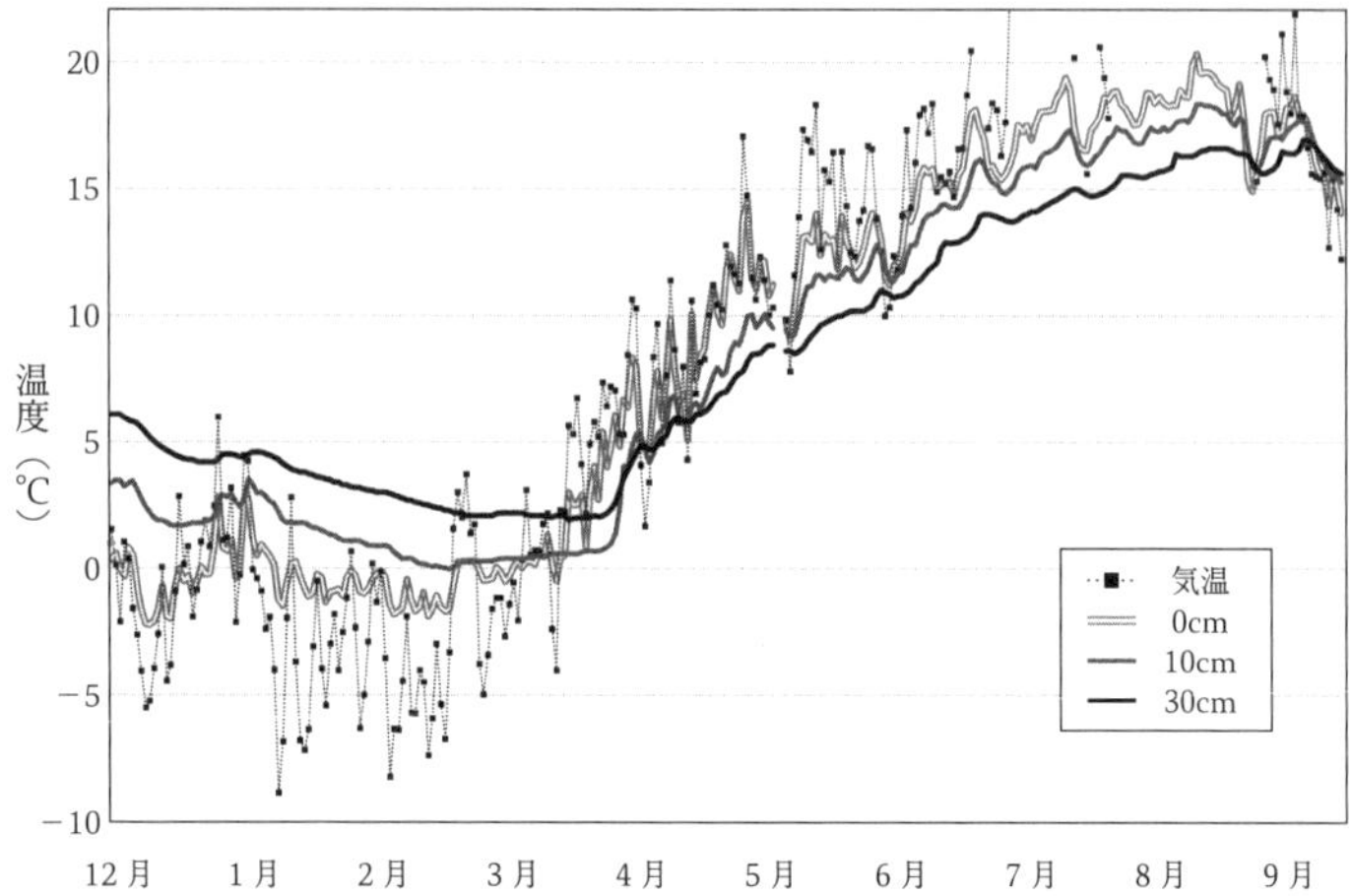

図1－4　土壌の温度環境

変化も気温に比べると少なく穏やかである。

図1－4は筆者が八ヶ岳の標高1400メートルのカラマツ林で測定した気温と土壌温度の日平均の変化である。土壌は落葉の下（0㎝）、深さ10センチ、30センチの深さにセンサーを設置し、12月から翌年の9月まで連続して測定した。途中に欠測値があるものの、一年の傾向はわかる。冬、マイナス8℃まで気温が下がっても雪が積もった土の表層はおよそ0度で、そこから土に潜ると温度はプラスになる。深さ30センチでは冬の間にもっとも低くても2℃までしか下がらなかった。夏は逆で、気温が20℃を越えても深さ30センチでは17℃くらいまでしか上がらなかった。縄文時代の竪穴式住居は地面を数十センチから1メートルほど掘り下げて利用していたし、今でも穴を掘って芋類を土の中に保存する。土の中は温度が安定している。

また、土壌は常に水分を含んでいる。雨水は土の隙間を通って浸透していく。降雨があった直後は隙間が水で満たされているが、やがて排水され、空気の割合が増える。この土壌内の空気は相対湿度がほぼ１００％であり、土が乾燥しても高い値を保つ。この常に湿っているという点も土の環境の重要な点である。私たちには大した問題ではないが、ミミズなどの地中の生物にとっては、乾燥は命取りになりかねない。

ミミズは海に生活しているゴカイと同じ環形動物で、体が体節で区切られている。ターナーによると、ミミズは陸上で生活しているにもかかわらず、水生生物に近い体を持っている。[6] 水生生物は、陸上で生きる生物に比べると、水に困らないことを前提としたグループと言える。体の塩分を保持しつつ老廃物を尿として排泄するために、体液を濾して多量の尿を作成しなくてはならないからだ。ミミズは、排泄器官である腎管で体液を濾過してアンモニアを排泄するために、大量の水を摂取する必要がある。また、陸上では水分は蒸発で失われるので、たとえば植物はクチクラのような蒸発を防ぐしくみを持つが、ミミズはそのようなしくみを持たない。では、どうやって水分を保持しているのだろうか？

答えは「ほぼ地中の環境にされるがまま」である。水分を保持するには代謝エネルギーが必要である。この代謝エネルギーは土の環境によって大きく異なる。もし土に水分が十分あれば、特に維持コストはかからない。しかし、土が乾燥すると土が水分を引きつける力（土壌マトリックスポテンシャル）が大きくなり、ミミズの体は土と水分を取り合うことになる。ターナーは仮想的な体重

500㎎のミミズがさまざまなマトリックスポテンシャルを持つ土にいた場合の、土とミミズの体の水ポテンシャルの差、尿による水分の損失、皮膚からの水分の損失、それらを合わせた正味の水分損失、そして水分を維持するために必要な代謝コストを計算した。土壌マトリックスポテンシャルを横軸にとり、縦軸に水分損失をとると（図1－5左）、右から左に乾燥が進むほど水分損失が大きくなる。およそマイナス500kPaを境として、それ以上では水分損失が進む。するとミミズは代謝エネルギーを使って水分を維持しようとする。水分条件が良好な時は5％程度のエネルギーを使っているが、マトリックスポテンシャルがマイナス1280kPaの土の中では19％、マイナス2560kPaでは153％となり、マイナス5120kPaでは828％という数字になってくると、ミミズは自分の体を維持できなくなる（図1－5右）。乾燥地ではミミズが棲めないことは容易に想像がつく。ミミズがいそうな土として湿った土を思い浮かべる人も多いだろう。ミミズは高湿度の安定な環境に依存している。地中に比べ環境が激変する地上は、ミミズにとっては長居したい場所ではないのである。

ミミズはどんなふうに土を感じているのだろう。ミミズになって土に潜った私たちは、暗くて、狭くて、湿っている環境に慣れなくてはならない。ここでは視覚は役に立たない。口でまわりを探って食べ物を探そう。それだけでなく全身を覆う土を触って触覚でさまざまな情報を得る。わずかな隙間を漂う揮発性物質が匂いの情報を持っている。音、あるいは振動はもしかしたらモグラがトンネルを掘ってこちらに向かってくることを教えてくれているのかもしれない。

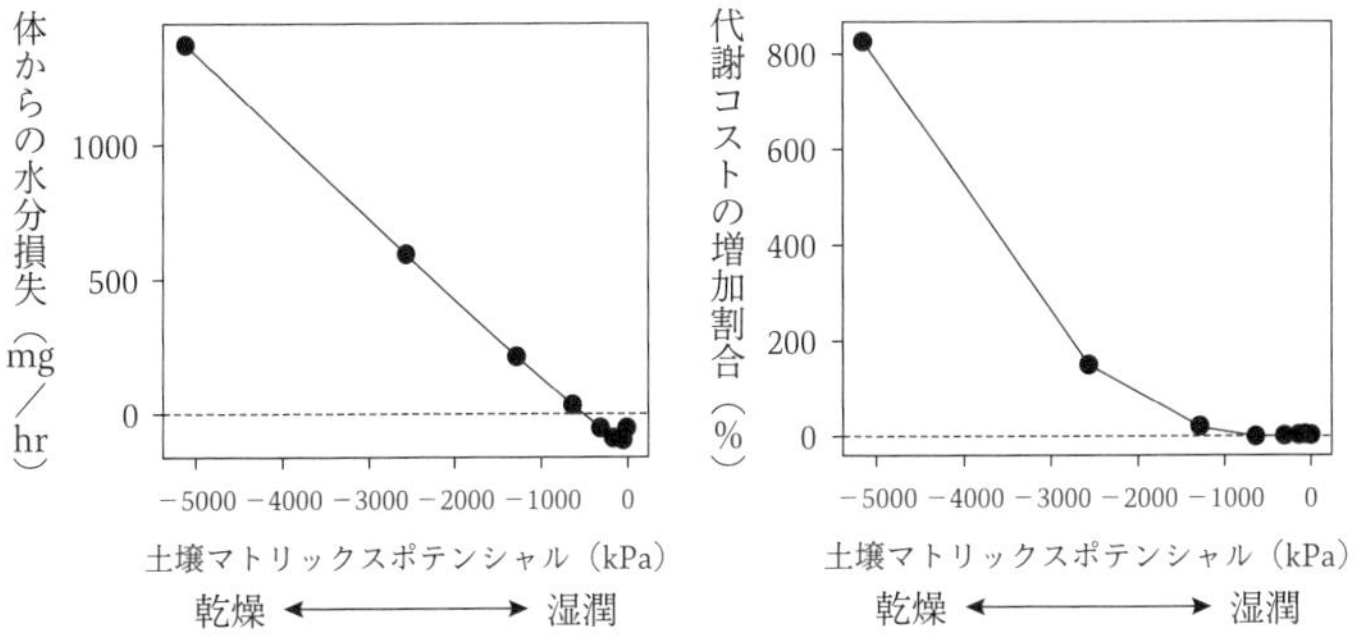

図1－5　500mgのミミズが土壌中に棲むためのエネルギーコスト。左は土壌の水分状態とそこにいるミミズから失われる水分の関係。右は十分に土が湿っている時の代謝エネルギーを0%としたとき、水分状態の変化でどれくらいエネルギーが必要となるかを示す［文献（6）を元に作成］

実際、森林で植生調査と称して木の名前を調べたり直径や樹高を測定していたりして大勢で歩き回っていると、表層採食地中性の巨大なミミズが飛び出してくることがある。大勢で登山道を歩いている時にも、列の後方で同じようにミミズが飛び出してくるのを見たことがある。これらは、振動を感じとったミミズの行動であろう。それを利用して、地面を叩いたり、木で作ったノコギリ状のものを振動させたりしてミミズを採集することがある。夏鳥が地表で地面を脚で叩き、ミミズを地面から引っ張り出す動画を見たことがある人もいるだろう。ミミズは暗闇で振動を感じているのだ。

こうして、自然界ではミミズやモグラなどのさまざまな大きさの動物たちがひっきりなしに土を掘り進みながら生きている。それにより大小の空隙が維持され、植物の根が伸びやすくなり、雨の排水路にもなるだろう（**口絵3**）。そこで死ぬことで、土に栄養を供給するだろう。落ち葉は食べられ、ひとりでに土の中に戻っていく。生き物が土の中で暮らすことで、土は維持されている。

農地では、人は土に棲む動物たちを排除して、機械と肥料で彼らの機能を補っていると言えるかもしれない。しかし、数億年にわたって続いてきた土と動物の〝共生関係〟に対し、機械と肥料を使って土を制御する経験は１００年ほどしか積まれていない。両者の違いを知るには、引き続き、ミミズたちが土の中で何をしているのか追跡する必要があるだろう。

さて、私たちはこんな風にして、ついに土の中に入ってしまった。身近なる未知、土の世界にようこそ。

第2章　落ち葉のバランス

落ち葉の掃除係

大学のキャンパスを維持するために、歩道の落ち葉を掻くという仕事がある。落ち葉は秋にたくさん落ちるから秋にしか出番がないかというと、実はそうでもない。

かつて勤めていた横浜国立大学には、宮脇昭先生が設計された「環境保全林」が至る所にあった。自然界では、植生遷移が進行して樹種構成が安定するまで、いわゆる「極相」に至るまでに長い時間がかかる。陸上では攪乱によって植物が一度なくなると、一定の順序でさまざまな種が定着し、種組成が時間とともに変化していく。やがて変化がなくなり、その土地の気候や土壌条件に適合した植物群落に落ち着くという経過を辿るためだ。環境保全林は、「潜在自然植生」の考え方に基づいて、造成地のような裸地にその場所で極相となる樹木の苗木を寄せ植えするというユニークなものだ。こうすると、都市であっても自然林に近い森林を短期間に造成できる。

横浜国立大学のあたりの潜在自然植生は常緑広葉樹を主とする森林である。「常緑」と言っても、緑の葉はいつかは枯れて落ち葉となる。落葉広葉樹は秋に葉を落とすが、常緑広葉樹は、秋だけではなく春にも落葉のピークがある。大学キャンパスには、程ヶ谷カントリー倶楽部だった頃から残されている大きなクスノキがあり、よく目立つ。毎年見ていると、ちょうど4月の初めから半ば頃にほぼすべての葉を落として、すぐに新しい葉が展葉する。したがって、個体当たりで見ると葉が総入れ替えとなる。

樹冠からは、落ち葉以外にもいろんなものが落ちてくる。花の命は短いので、木々に咲いた花も盛りを過ぎると歩道を彩ることになる。春先、新しい葉が伸びる時には冬の間新芽を覆っていた芽《が》鱗《りん》が、そして夏から秋にかけての台風通過時には小枝やちぎれた緑の葉、時には太い枝が落ちてくる。このように、構内を清掃する立場からすると樹冠からは年中いろんなものが落ちてくる。

落ち葉を食べる動物

森林に行くと地面はたいてい落ち葉で覆われている。落ち葉は毎年大量に落ちるのだから、誰かが掃除しないかぎり地面に落ち葉がどんどん溜まっていきそうに思うが、実際にはそんなことはない。歩道のように掃除されることのない、森の地面の落ち葉は、誰が片付けているのだろうか？

脊椎動物の仲間に、落ち葉や枯れ枝を好んで食べるものはいない。冬季に餌に困ったシカが落ち葉を食べるとされているが、これは個体数が増えすぎて高密度になり、植生を食べ尽くして餌がなくなるという異常事態に至って起こる現象である。シカはまず、緑の葉、樹皮を食べ尽くしてから、それでも食べるものがないと地面の落ち葉を食べている。シカが常時、森の落ち葉を食べ尽くしているわけではない。

そもそも落ち葉は植物にとっては廃棄物なので、緑の葉よりも食物としての質が落ちる。たとえば、葉に含まれている窒素やリンといった植物にとって必須の元素は、動物にとっても重要な元素だが、植物は落葉時にそのおよそ半分を葉から植物体に引き戻す。したがって、緑の葉よりも窒素やリンの濃度が低くなっている。その一方で、葉が枯れるとそれまで動物に食べられないようにするために生産していた防御物質が徐々に失われるので、食べやすくなるという側面もある。落ち葉を食べる動物にとって、落ち葉のよい点は、量が多いことと防御物質がなくなることである。葉の種類ごとの違いは、緑の葉に比べると小さくなる。また、一年のうち限られた期間しか利用できない資源（花の蜜や果実、新芽など）と違って一年を通して長い期間地面にあるので、利用可能な時間が長い。つまり、おいしくはないが量が多く、癖がなくていつでも使える資源ということになる。

そんな落ち葉を食べているのは誰なのか。土壌動物が、落ち葉を食べる森の掃除屋であると言われている。その通りなのだが、実際には落ち葉を直接食べる土壌動物の種類は限られている。落ち葉を専門に食べる動物は、身近なものではダンゴムシの仲間がいる。また、ムカデと似て脚の数が多いヤスデという節足動物ももっぱら落ち葉を食べる。ダンゴムシもヤスデも体に比べて大きな消化管を持ち、その中に食べたものがぎっしり詰まっている。そして、ミミズも落ち葉が大好きだ。

このような落葉食者による植物の消化はとても効率が悪く、ダンゴムシの糞を見ると細かく砕かれた落葉を圧縮したようになっている。小さな土壌動物たちが、膨大な量の落ち葉を食べているのである。そして、その次の過程には、さらに小さな微生物が登場する。

落葉分解

光合成は、単純な分子が複雑な分子に、無機物が有機物になっていく過程である。植物は炭素や水、そして窒素、リンといった無機物を使って光合成により有機物（炭水化物）を合成する。それを食べた生物は、体の中で炭水化物をさまざまな物質に変換し、自分の体を構成している。植物が落ち葉を捨て、落ち葉に残った成分が土壌生物に取り込まれ、糞が残されると、次はいよいよ「分解」という逆方向の過程に進む。その役割を担うのは微生物だ。

生態学で「分解」というと、植物が光合成で作ったもの（一次生産物）が枯れ、落ち葉や枯れ枝、枯れた幹となって地面に落ちたものや、動物が死んで遺体となったものが微生物によって食べられることを指す。分子のレベルでは、もともとの有機物に含まれていた炭素が微生物の呼吸により二酸化炭素になって大気に戻り、窒素やリンなどの栄養塩類（生元素）がイオンの形になって環境中に放出される（**図2−1**）。つまり、生物が死んで残された有機物を、ふたたび炭素や水、窒素、リンといった無機物に変換するのが分解作用である。分解は光合成とはちょうど反対の反応と言える。なお微生物が「食べる」と言ったが、細胞内に取り込むわけではなく、消化酵素を細胞外に出して、

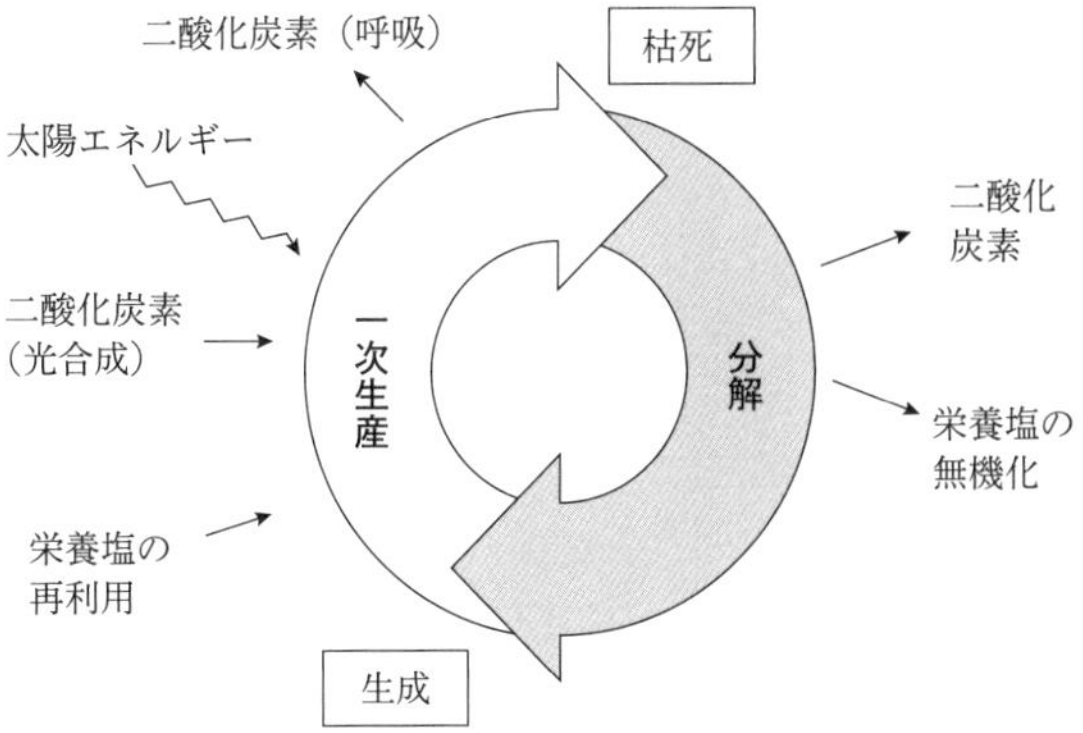

図2－1　生態系における炭素と他の生元素の主要な循環の模式図

分解産物を吸収している。

地球規模のアンバランス

この光合成と分解のバランスが崩れると、何が起きるのだろう。たとえば大学では、落ち葉があふれて掃除係が必要になる。また、それは自然界でも起こりうる。

現在は、地球全体で見ると光合成と分解の速度はほぼ釣り合っている。しかし、かつて光合成がとても盛んになる一方で、分解が遅く、バランスが取れなくなった時代があった。それは石炭紀（約3億5890万年～2億9890万年前）である。石炭紀は、文字通り石炭が大量に生成された時代である。その時期に、現在では見られないような大型のシダ植物などが二酸化炭素を吸収し旺盛に繁茂し、やがて枯死して地面に倒れた。その一方で、植物を分解する能力の高い糸状菌の一部はまだ出現していなかった。すなわち、生産が多い割には分解が進まず、枯死した有機物が大量に蓄積し、その一部が石炭となったのだ。

地球規模のアンバランスは、植物のある進化をきっかけに起きた。陸上植物は、光合成組織である葉を広げ、周りの植物の陰にならないように伸びていかなくてはならない。高さを稼ぐためには、風に吹かれても折れない強さと風にしなる柔らかさが必要である。そのため、特に維管束植物はセルロースやヘミセルロースという多糖類からなる繊維と、リグニンという高分子物質を使って、強くしなやかな体を作った。セルロース、ヘミセルロースという長い繊維をリグニンという丈夫なノリで補強することで、長い繊維を束にして、植物はこの課題を克服したのだ。維管束植物は、約4億年前のシルル紀に陸上に現れた。

リグニンは分解が難しい物質である。枯死した有機物の中のリグニンはいわゆる腐植物質の主要な構成成分と言われ、現在の森林土壌でもリグニンを起源とする腐植物質が蓄積している。ただし現生の担子菌門は、木材を強力に分解する菌を含んでいる。たとえば、白色腐朽菌はリグニンを効率よく分解できる菌であり、褐色腐朽菌はセルロースを強力に分解する菌である。

リグニンなどを分解する微生物はいつ頃出現したのだろうか。このグループは、カンブリア紀（約5億3880万年～4億8850万年前）に子嚢菌門と分かれたが、当時はまだその中に木材を強力に分解する菌である白色腐朽菌や褐色腐朽菌は出現していなかった。まず石炭紀（約3億5890万年～2億9890万年前）に、褐色腐朽菌の仲間であるアカキクラゲ綱が出現した。そして、さらに白色腐朽菌や褐色腐朽菌を含むハラタケ綱が分化したのは、石炭紀からペルム紀（約2億9890万年～2億5190万年前）に移行する2億9000万年前と考えられている。つまり、石炭紀には担子菌門のうちハラタケ綱に属する菌類がまだ出現していなかったのだ。[1] そのため石炭紀の間は、巨大シダ植物が旺盛に生長し枯れていく一方で、それらを土壌で分解する生き物たちの能力が劣っており、多くはそのまま堆積していったのである。

当時の地球は現在より二酸化炭素の濃度が高かったことも、バランスが大きく崩れた一因だった。植物は二酸化炭素濃度が高いと光合成速度が上がるので、光合成に有利な環境だった。光合成が分解より卓越する状態が続いた結果、大気中の二酸化炭素は石炭となって土に閉じ込められていき、大気中の二酸化炭素濃度は急速に下がっていった（図2－2）。大気中の二酸化炭素濃度の推定値を見ると石炭紀にかけて大きく低下している。[2] やがて石炭紀が終わりを告げると、木材腐朽菌による分解が進み、二酸化炭素濃度はより安定するようになった。

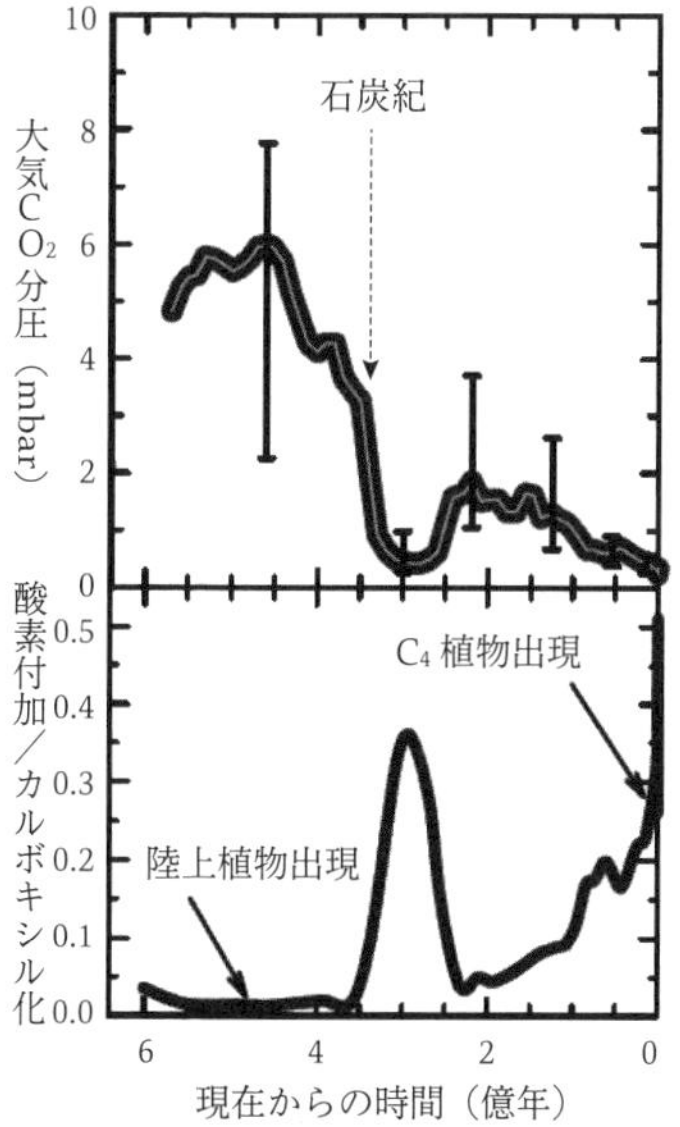

図2－2　二酸化炭素・酸素濃度の地史的な変化と植物の進化。上は大気中の二酸化炭素濃度の変化、下は値が高いほど光合成でCO_2が利用しにくいこと、つまり石炭紀に光合成が分解よりも卓越したことを示す［文献（2）を元に作成］。

光合成と分解のバランスがとれないと、二酸化炭素濃度の低下の他には何が起こるのだろうか？　石炭紀には大気中の二酸化炭素が減っていったが、あまり減ると今度は光合成速度が低下するだろう。やはり大気中の二酸化炭素濃度が低かった第三紀（6600万年〜258万年前）には、C_4植物と呼ばれる、それまでとは光合成のしくみが少し異なる植物が出現した。これは、それまで主力だったC_3植物に比べると二酸化炭素が低濃度でも効率よく光合成ができる。わたしたちの身の回りで身近な植物ではトウモロコシやススキなどがC_4植物である。

ここまでは炭素のバランスを見てきたが、他の生元素の循環でも同様の問題が起きる。現代にも、光合成と分解のバランスが崩れた場所がある。

冷温帯には湿原が多く存在する。尾瀬のような高層湿原ではミズゴケなどが生えているが、その植物遺体の分解が抑制されているため、湿原に堆積している。堆積物のせいで、湿原の中央ではドーム状に地面が水面より高く盛り上がっている。ここでは、植物の成長に必要な生元素が土壌や河川からは得られないため、雨水に含まれる分だけが外部からの供給源となる。そこで生育する植物にとっては、植物遺体に含まれる生元素をリサイクルできれば都合がよい。しかし過湿な環境のため落ち葉などは分解されず、徐々に堆積物に移行するので、植物にとっては貧栄養な場所となっている。そのため、周囲では森林が発達し、盛んに光合成をしているのに、高層湿原では小型の草本植物やミズゴケなどがゆっくりと生長している。このような環境でよくみられるモウセンゴケのような食虫植物は、昆虫を補食することで根からの吸収では足りない窒素やリンを補っている。

私がかつて調査に行った東南アジアにも、熱帯でありながら冷温帯の高層湿原のように林床が湿地の中央で盛り上がっている淡水の泥炭湿地林があった。ここでは、海岸に成立したマングローブの内陸側が低地になり、そこに淡水が溜まって湿地ができている。温帯の湿地では草本植物が主に生育するが、熱帯の湿地ではやがて樹木が生育する。樹木の幹が枯死して林床に倒れると、水位が高いので水浸しになる。そうすると微生物に必要な酸素が不足するので分解が抑制される。やがて、ミズゴケ湿原と同じように、生元素を雨水にのみ依存する中央部が盛り上がった高層湿原が成立する。[3]このような湿原は、縁の方では河川などからの生元素の供給があるので樹木がよく成長し樹高が高いが、中央では貧栄養となり、樹高の低い森林へと移行する。熱帯の強い光と温暖な気候、そして豊富な雨に恵まれながら、生元素をリサイクルできないがために、森林を構成する植物の生長が悪くなるのだ。

光合成を光の世界に例えるなら、陸域では主に土で行われる分解は陰の世界と言えよう。植物が太陽を浴びて伸びるには、陰の世界で起こる分解も欠かせないのである。

有機物の分解速度

極端な例を挙げたが、有機物の分解過程が効率よく進むかどうかは、実はこのように環境が大きな影響を与えている。そして、分解速度はさらにいくつもの要因が絡みながらその土地ごとの条件で決まり、それによりその土地ごとの生態系と土が形成されている。

たとえば、常緑樹の広葉樹と針葉樹では、一般に広葉樹のほうが落葉分解が速い。なお前述の通り、常緑樹はいつも葉があるように見えるがそれは新しい葉に交代し続けているからであり、１枚の葉に注目すれば最終的には枯れて落ち葉になる。他にも、落葉の分解速度は、温度や水分を決める気候、有機物の組成、そして分解にかかわる微生物や土壌動物の活動により決まっている。熱帯林では気温が高く、雨も豊富に降るので分解が速い。温帯、冷温帯と平均気温が下がるにつれて分解が遅くなる。また、熱帯と違って1年の中に夏と冬があり、冬には分解が進まない。標高が低い場所に比べると、高い場所では温度が制約となって分解速度が低下する。

また、雨が降らないと落ち葉が乾燥し、分解が抑制される。野外で屋根を設置して人工的に雨を遮断し、落葉分解がどのように変化するかを調べるという実験が世界各地で行われていて、私もやってみたことがある。[4] 島根大学の大学院にフィリピンから留学してきたエリック・サラマンカ君とともに、島根大学附属演習林のコナラ林で、ビニールを張って完全に雨を遮断する処理と、透明な波板を隙間を開けて並べて雨を半分に減らす処理とを行って、落ち葉の分解速度を調べた。この実験では3メートル四方の雨水遮断区を設置したので、周りに降った雨が染みていたようで、100%遮断した処理でも土壌の含水率は対照区の半分程度までしか低下しなかったが、落ち葉は期間中一度も濡れない状態を維持できた。その結果、対照区と50%遮断区における分解速度は差がなかったが、100%遮断区では半分程度に低下した（図2－3）。このとき、落ち葉に付着している微生物の量を推定したところ、分解速度が高いほど微生物の量が多いというきれいな関係が得られた。この森林ではたびたび降る雨で落ち葉に水分が保たれることが微生物の生育を維持していた。乾燥が続くと微生物の生育が悪くなり、分解速度が低下したのだ。夏に乾燥が厳しい地中海気候でも、

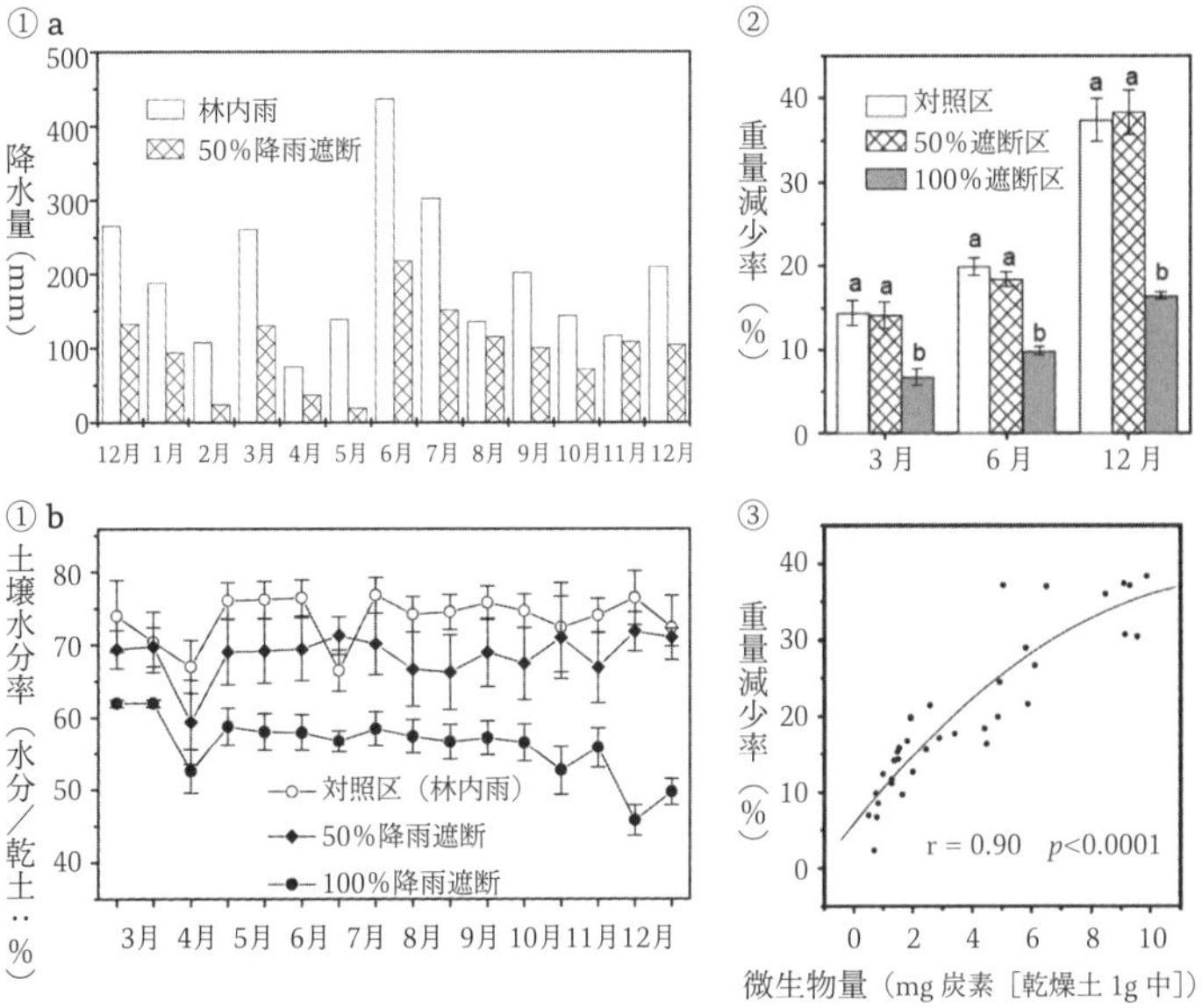

図 2-3 雨を遮断することによる落葉分解への影響。雨を遮断すると土壌水分率が下がり（① **ab**）、落葉の重量が減少しにくくなる（②）。コナラを例に挙げたが、クヌギ、アカマツ、ウリハダカエデでも同様の傾向が見られた。また、重量減少率と微生物量の間には強い相関があった（③）［文献（4）を元に作成］。

左の写真は、島根大学三瓶演習林での降雨遮断実験の様子。波板で地面の50%を覆うように処理した（50%遮断区）。

平均気温や年間の総雨量の変わらない温帯林に比べると分解速度が低下する。

落ち葉を構成する成分や、葉の厚さや硬さは樹種ごとに違っている。このような違いは生態学的な特性を表現している。たとえば、ハンノキやヤナギの仲間のように、攪乱された場所に初期に定着する生長が速い樹種（遷移初期種）は、葉は薄いが窒素やリンの濃度が高く、タンニンのような二次代謝物質が少ない葉を作る。それに対して、ブナやミズナラのように生長が遅く極相林を構成する樹種（遷移後期種）の落ち葉は厚く、窒素やリンの濃度が低く、二次代謝物質がより多い傾向がある。そのため、遷移初期種の落ち葉のほうが後期種の落葉より分解が速い。樹種については、常緑樹より落葉樹のほうが分解が速く、また前述の通り針葉樹より広葉樹が速いという傾向もある。

落葉広葉樹の葉が梢を離れて地面に落ちた時の色と分解速度の関係を見ると、ハンノキやヤナギのように緑がまだ残っている葉は分解が速く、ブナやミズナラのようにしっかり茶色になってから落ちる葉は分解が遅い。赤や黄色の落ち葉はその中間になる。落葉の色で、およその分解速度がわかるというわけだ。

分解と生物多様性

生物の種多様性が高いことは、単に賑わって見えるというだけではなく、相乗効果を持つ。落ち葉も例外ではない。しかし、分解速度の測定は一種類の落ち葉を対象に行われることが多い。異なる樹種の葉を一緒にしたら、相乗効果があるのだろうか？　この疑問に、ふたたびサラマンカ君と

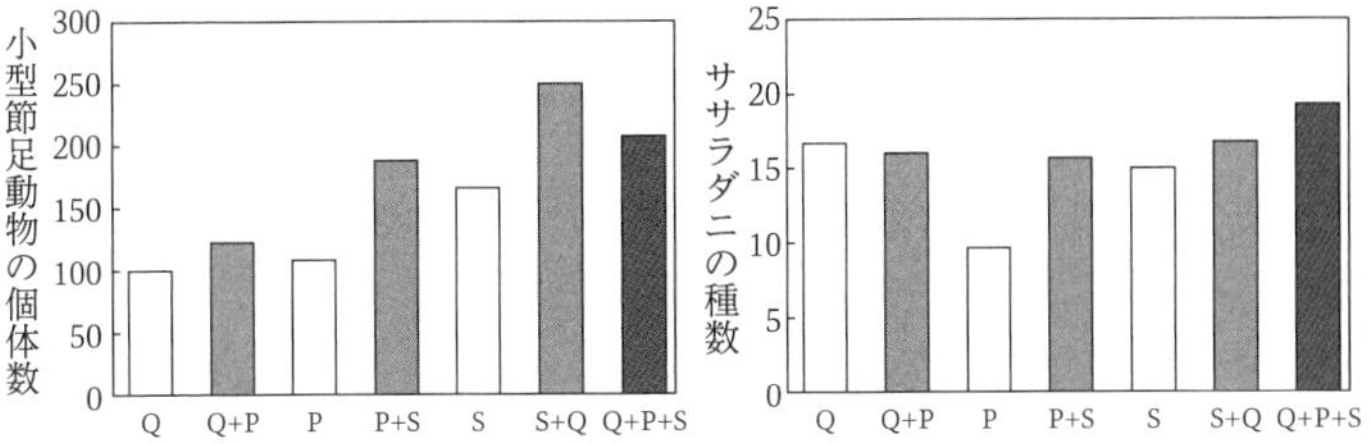

図2−4　複数種の落ち葉を混合することによる土壌生物種数への影響。Q はコナラ（Oak）、P はアカマツ（Pine）、S はチュウゴクザサ（Sasa）を指す。たとえば Q+P はコナラとアカマツを混合した場合。個体数も種数も単独の葉より 2 種類、あるいは 3 種類混合したほうが多くなっている。個体数は S+Q が最多で Q+P+S がその次に多く、種数は Q+P+S がもっとも多い［文献（5）を元に作成］

取り組んだ[5]。

島根大学の演習林でコナラ、アカマツ、そしてチュウゴクザサというクマザサの変種の落ち葉を集め、それぞれ単独、2種混合、3種混合の処理を設けた。サラマンカ君には成分分析をお願いし、私は落ち葉の中に侵入してきたトビムシとササラダニという小型の節足動物を調べることにした。材料にした落ち葉を混合すると、いずれも分解が促進されるという結果が得られた。1＋1が2以上になったというわけだ。おもしろいことに、混合した落ち葉のほうが分解途中の落ち葉に生息するトビムシやササラダニの個体数が多く、その中で種数を調べることのできたササラダニについては、葉を混合することで種数も多くなっていた（**図2−4**）。

なぜ落ち葉を混合すると、分解が促進されるのだろう？　その後、世界中で多くの観測が行われた。その結果は、混合により分解が抑制される場合から、混合の影響がない場合、そして分解が促進される場合までバラバラであった。最新の解析では相互作用を一般化することはできず、森林ごとに異なるケースがあるという結論が出されている。[6]

落ち葉を混合することで分解が促進されるメカニズムとしては、窒素などが豊富な落ち葉から少ない落ち葉に供給され、分解を促進する効果が考えられる。また、水分を含みやすい葉から含みにくい葉に水分が供給され、乾燥が回避され分解が促進される効果や、葉の種類が増すと葉と葉の間に形成される隙間の構造が複雑になり、分解生物が棲みやすくなる効果も考えられている。この視点は、普通は一種類の樹木からなる針葉樹人工林に広葉樹が混交すると、広葉樹の葉のおかげで針葉樹の葉の分解が促進され、その結果、生元素の供給が増え樹木の生長がよくなるのではないかという期待を抱かせる。

ここまで落ち葉の種の多様性の効果を考えてきたが、分解生物側の多様性が増すとどうなるのだろうか？　落葉分解は微生物だけによって行われていると思われがちだが、さきほどあげたダンゴムシやヤスデの仲間、それにミミズは直接落ち葉を食べる。ハエ目の幼虫も落葉や腐植を食べている。これらの動物は、消化は悪いが、落ち葉を粉砕してふたたび土に戻すので、糞の中で微生物の活動が高まり、残りの有機物の分解が促進される。ミミズとヤスデとハエ目幼虫を使った実験では、動物の総重量を変えずにこれらの種数を増やしていくと、落葉分解速度が増加した。[7]

隠れたアンバランスを見抜く

さて、冒頭の環境保全林に戻ろう。落ち葉の掃除が年中必要だということは、本章で見てきた通り、土で落ち葉が分解されていないということである。また、宮脇式の植林は、苗を植える前にかなり厚く土を盛り上げるという特徴がある。この土が、樹木の苗の初期成長のよさを支えているのである。自然界ではありえない、手厚い環境から始まるのだ。広葉樹の苗を何種類か組み合わせて密植するという特徴もある。

スーパーマーケットの駐車場まわりに、土を盛り上げて環境保全林を作ることがある。もちろん、アスファルトやコンクリートに直接苗木を植えても育たない。それではどれくらいの土の厚さがあればよいのだろうか？　都市部でまとまった緑地を造成する例を見かけたら、どれくらいの盛り土をしているかを想像してみてほしい。そして緑地から舗道に落ちてきた落葉はなるべく土のある緑地に戻してほしい。そうすることで、土壌生物が落葉を分解し、土と樹木の間の生元素の循環が保たれるからだ。戻さないとやがて生元素が不足し、熱帯の淡水湿地林のように樹木の生長が悪くなるだろう。

土は長い時間をかけて生物と環境の相互作用でできていくものだが、インスタントに森を作るには、他所から苗木と土をもってくればよい。では、その土はどこにあったものなのだろう？　どこかで長い時間をかけてできた土を都市が奪いとっているのかもしれない。都市に安らぎを与える緑地をインスタントに作り、手をかけ続けないと維持できないのだとしたら、それは何らかのアンバランスを内包しながら、どこかに負担をかけているのである。

第3章　足元に潜む生物群X

土壌には、植物、微生物に加えてさまざまな土壌動物が生息している。彼らは、食う・食われる関係以外にも、分解などの過程にも関わり、陸上以上に多様で複雑な関係を結んでいる。しかし、それぞれの分類群の情報を網羅することは他書にまかせて[1]、本章では、ミミズを大きさの基準として土の中に特有の生物の世界を概観してみよう。

ミミズより大きな動物

土の中では、ミミズより大きな動物はきわめて限られている。その代表はモグラである。モグラは地表直下にトンネルを掘り、そこに這い出てきたミミズや昆虫などを食べている。

富山大学の横畑泰志先生はモグラの大家である。あるとき、何人かで研究室を訪問してモグラの飼育システムを見学することになった。モグラを実験室で飼育するには、まず大きな容器に土を入れ、モグラがそこに巣穴を掘って生活できるようにする。そこから金網を丸めたトンネルを空中に伸ばして別の容器と接続する。すると、モグラはトンネルを使って別の土のある場所に移動するらしい。トンネルを移動しているモグラの前に金網ごしにミミズを差し出すと、匂いでわかるらしく、急いでやってきてミミズを食べる。ここで思い出してほしいのは、ミミズは土の中に暮らしている時に、トンネルを掘るために、あるいは餌の一部として大量の土を食べることである。頭からお尻まで太い消化管にぎっしりと食べたものが詰まっている。すなわち土の詰まった袋みたいなものだが、モグラが食べたいのは土ではなく袋にあたる体だけだ。そこでモグラは、食べる際に前足でミミズを摑んで、ストローを吸うように前歯の間を一気に吸い込む。すると、ミミズの体の中に入っていた土が勢いよく前方に飛び出す。こうして、モグラはミミズの体だけを食べる。

さて、最初に研究室のモグラが食べたミミズは長さ15センチほどであった。15センチものミミズを、モグラは一息で吸い込む。実は私たちは、前日に石川県の河北潟でハッタミミズという長さが80センチほどになる日本最長のミミズを採集していた。それを与えてみると、ハッタミミズを一息に吸い込もうとしたモグラは、吸ってもまだミミズの体が残っていることに気がついた。かわいそうなことに、モグラはしばらく動きを止めてから二度三度とミミズを吸い込んで、ようやく全部食べきった。「よく頑張った。ご苦労様」。これまでにない長いミミズを食べたモグラに、人間たちはそんな言葉をかけていた（図3-1）。

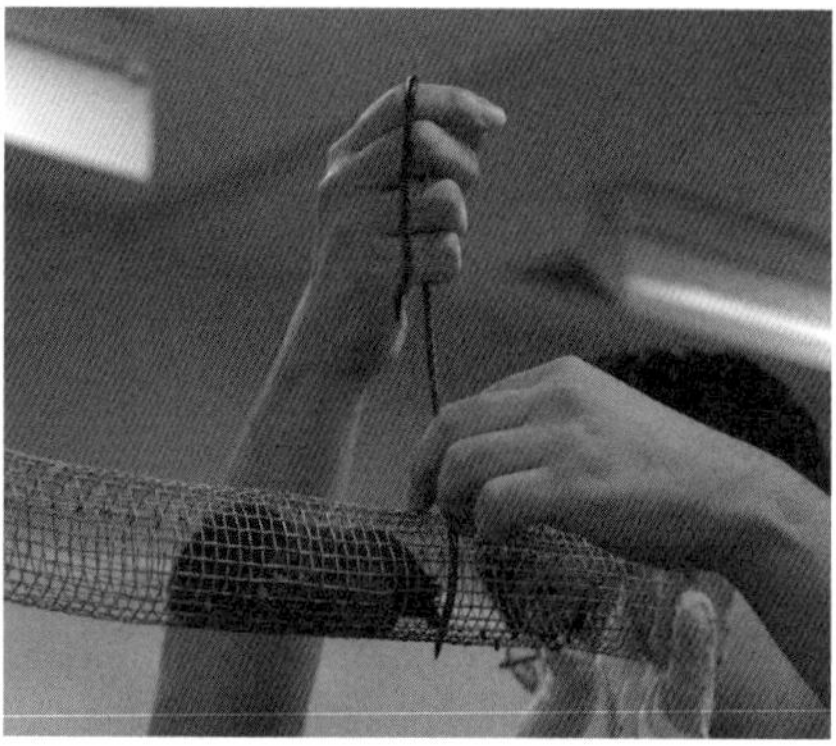

図3－1　日本最長のハッタミミズを食べようとするモグラ（富山大学横畑泰志研究室）

ミミズくらいの動物

土の中の動物を概観するために、大きさ別に並べた図を見てみよう（**図3－2**）。この図は土の中の微生物と動物の体幅を横軸に、体長を縦軸にとってプロットしたものである[2]。

ミミズのように肉眼で容易に見つけることができる土壌動物は多い（大型土壌動物）。実際、野外で採集するときも「見つけ取り」という方法で探すことが多い。昆虫は脚が6本だが、それより脚が多い節足動物を多足類と呼び、主要なものにムカデとヤスデがいる。どちらも細長い体で体節ごとに脚があるが、ムカデは一つの体節に1対、ヤスデは2対の脚がついている。ムカデは捕食性ですばやく走る。ヤスデは落ち葉や有機物の多い土を食べ、きわめてゆっくりと歩く。人間のムカデ競走は前の人の足を踏んでころんでしまうことが多いが、多足類は滑らかにすべての脚を動かして体を運んでいく。

子供たちに人気があるダンゴムシの仲間は7対の脚を持つ甲殻類の仲間（等脚類）である。落ち葉を食べるが、プランターでは作物の芽生えを食べるので、ホームセンターではダンゴムシをやっつける殺虫剤が販売されている。等脚類にはダンゴムシの他にワラジムシというのもいて、いずれ

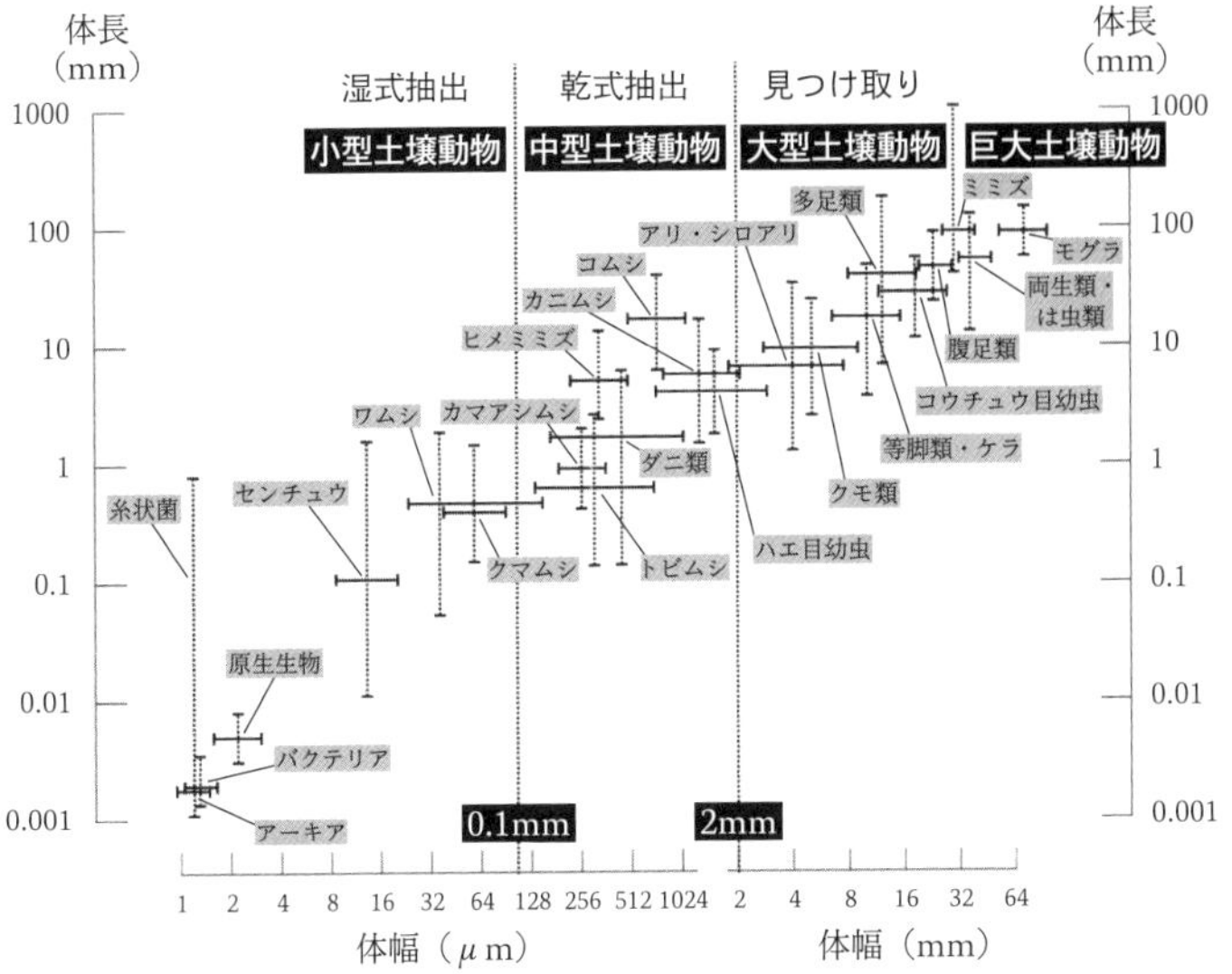

図3-2　土壌微生物と動物の体サイズの比較［文献（2）を元に作成］

も外来種である。日本には150種類以上の陸生等脚類が記録されていて、これらの在来種は森林の中や海岸、洞窟などに見られる。一方、外来種は人間の住む環境に見事に進出している。ダンゴムシやワラジムシは地中海の石灰岩地帯が原産と考えられ、コンクリートで雨のかからない都市環境は彼らの故郷の環境にそっくりである。

モグラ以外にもミミズを食べる動物がいる。甲虫の仲間（地表徘徊性甲虫）は、地表でミミズを食べている（**口絵4**）。昼間に地面を這っているミミズを見ることはないが、時期によっては夜間に積極的に地表を移動する。このとき、ミミズは甲虫の成虫や幼虫に食べられてしまう。

ここまで見てきた土壌動物は落葉や倒木、地表の石の下などの隙間を生活場所としている。そのため、どちらかというと扁平な体である。ミミズと似た大きさの動物で、ミミズ以外に土にトンネルを掘るものはいないが、例外としてケラがいる。ケラはコオロギの仲間で田の畔などに棲んでいる。トンネルを掘るのに前脚がモグラの前脚とそっくりな形をしている。

ミミズよりはるかに小さいが肉眼で見つけられる土壌動物に、アリとシロアリがいる。どちらも社会性で、土の中や倒木の中に巣を作り、女王アリと働きアリの分業によってコロニーを維持している。アリには種子を主に食べる植物食性のものと、動物や昆虫の遺体などを食べる動物食性のものがいる。動物食性のアリには、この後に述べるトビムシやササラダニのような土に多数生息している節足動物をハンティングする種もいる。シロアリは、他の動物が直接食べることのない樹木の幹を積極的に食べるという大変珍しい食性がある。幹はセルロースには富むが窒素がきわめて少ない。そこで、腸内に原生生物やバクテリアなど大気中の窒素を固定できる共生微生物を棲まわせ、窒素をうまく補給している。

ミミズより小さな節足動物

目のいい人なら肉眼で見えるかもしれないが、研究者は基本的に顕微鏡で観察する大きさの節足動物が土の中にはたくさん棲んでいる（中型土壌動物）。その代表はトビムシやダニ類で、これらは体長が0・5ミリから2ミリくらいである。これらの動物は野外で探すのが大変なので、土ごと研究室に持ち帰り、土から乾燥や熱で追い出して採集する。

トビムシは6脚だが翅がなく、原始的な昆虫にあたる動物で、森林土壌では1平方メートル当たり1万から10万頭ぐらいが生息している。トビムシという名前は腹部に脚とは別に跳躍器がついていることに由来しており、捕食者の危険を感じると身長の数十倍の距離をジャンプすることができる。ただし、土の深いところに棲む種はもちろんこの方法は使えない。ジャンプして逃げる空間がないからだ。

ダニというと血を吸うダニを思い浮かべる人が多いが、土に棲むダニは他の動物を食べる（捕食者）か、微生物や腐植をもっぱら食べている。その中でもササラダニ亜目はトビムシに匹敵する個体数が生息している。活発に動き回るトビムシと違って、ササラダニはゆっくり移動する種が多い。捕食者に食べられないように毒性物質を持っており、逃げるよりじっとして捕食者をやり過ごす。

トビムシやダニ類は、地上の昆虫が果実を探すように、土の中で糸状菌や変形菌、微小藻類などの微生物を探して食べている。キノコ狩りに行くと、そんな微小な節足動物を簡単に見ることができる。採ったキノコの裏に黒っぽいムシが多数取りついていることがあるが、これはトビムシの仲間で、キノコを食べるために土の中から集まってきたものだ。

これらの節足動物は体長が小さく、体幅もおよそ0・2ミリから2ミリ程度である。この大きさには意味がある。目視で見つけられる比較的大きな土壌動物が、ミミズを除けばほぼトンネルを掘らず移動が制限されるのに対して、この小ささならば土の表層にある隙間に何もしなくても入っていけるのだ。土の中はミミズの体を干上がらせない程度の水があり、隙間はその水分のおかげで水蒸気圧がほぼ飽和している。そして、やはり温度も安定している。水生生物が、体から水分が逃げないようにクチクラ層を備えるようになったのが節足動物である。水中から土中に進出する際の制約は大きさだけだ。彼らにとっては体を小さくするだけで地下のすみかが利用できるというわけだ。

なお、節足動物ではないが、長さ1センチ前後で大人になるミミズの仲間（ヒメミミズ）も、この大きさの動物の仲間である。ヒメミミズは畑土壌にも棲んでいるが、尾瀬のような高層湿原のミズゴケが腐朽しつつあるところに高密度で生息している。大型ミミズより酸性環境に強い。小さいながら、ミミズなのでトンネルを掘って暮らしている。ヒメミミズは節足動物と違って、土を水に浸してから熱をかけて追い出す湿式抽出で採集する。

もっと小さい動物

体幅が0・2ミリより小さい動物を小型土壌動物と呼ぶ。この大きさになると、土の中に蓄えられている水の中に体を浸すことができる。ヒメミミズと同様、土を水に浸して泳ぎ出してくる生き物を集める湿式抽出法を使う。淡水に見られるワムシの仲間も土から見つかる。さらに、原生生物やセンチュウが多数、土のさらに狭い隙間に暮らしている。土の中ではバクテリアの有力な捕食者である。なお正確には原生生物という分類群はなく、緑藻植物や変形菌、アメーバなどが含まれている。

センチュウはミミズのような紐型の体の動物で、農業では根を食べたり寄生して変形させたりする害虫として恐れられている。土の中には根を加害するセンチュウの他に、糸状菌を食べるもの、細菌を食べるもの、そしてセンチュウを食べる捕食性のものが知られていて、寄生性と区別して自由生活性センチュウと呼ばれている。とてもいいネーミングだと思う。自由生活性センチュウは寄生性センチュウよりはるかに個体数が多く、土の中の物質循環や他の生物の個体数変動に大きな影響力を持っている。

土の微生物

微生物という名称は微小な生物という意味なので、「微生物」というだけで特定の分類群の生き物を指すわけではない。土の主要な微生物を分類群で挙げると、原生生物も含めてバクテリア、アーキア、糸状菌が生息している。

遺伝子解析の技術の進歩により、土の中にどのような微生物が暮らしているかが急速に明らかにされつつある。それまでは、土からとってきた微生物を何らかの栄養源を使って培養し、増やしてから観察し働きを調べ、最終的に名前をつけるという過程を経て研究が行われてきた。特に放線菌の仲間は抗生物質を作るので、さまざまな土から分離して純粋培養されてきた。しかし、土の中の微生物のうち実験室で培養できる種類はきわめてわずかであり、多くの微生物は働きも名前もわかっていなかった。培養できるかどうかが、新種の微生物を見つける際の高いハードルだったのだ。しかし、遺伝子解析でＤＮＡ配列を調べれば既知の微生物との違いがわかるようになった。また、

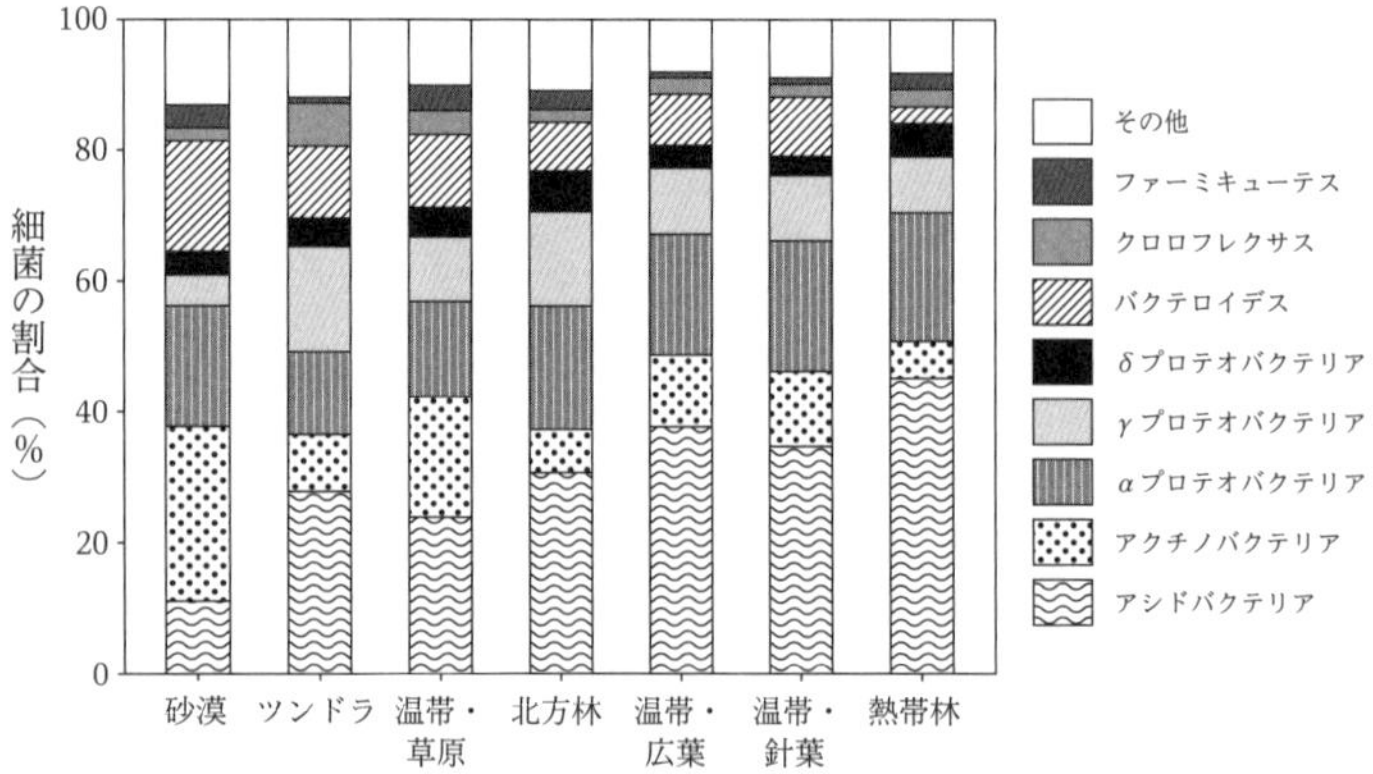

図３－３　世界の土の細菌組成［文献（3）を元に作成］

遺伝子の働きから生合成している物質もわかる。ただし、分類学的に名前をつけるという作業は、これまで行われてきたように1種類の微生物を純粋培養する必要があるので、依然として進んでいない。いわば、デジタルなコードで表現された未知の生物が大量にコンピュータの中に現れたのだ。

とはいえ、コードだけからでもその微生物が大まかな分類群ではどこに属するかぐらいはわかる。細菌全体を10前後のグループに分ける程度の精度で、世界各地の土の細菌の顔ぶれを見たときは、とても驚かされた（**図３－３**）[3]。世界中の土、つまり熱帯林から北極圏のツンドラ、砂漠まで含んでいる。もしその場に立ったら、目に入る植物や土の状態は大きく異なっていることだろう。それにもかかわらず、遺伝子解析で明らかになった土の細菌組成はとても似ていたのだ。

これは、国が違っても同じような作物を栽培して食物を得ることができることと思えば納得しやすいかもしれない。しかし、移動力が乏しいと思われる土の中の細菌相がこんなにも似ているとは、この報告を見るまでは想像もできなかった。

その後、糸状菌についても地球規模での調査が行われ、細菌と違って、熱帯よりも亜寒帯のほうがどうやら多様性が高いらしいという、これも驚きの結果が得られている。その他、センチュウやアリ、ミミズといった土壌生物について地球規模のデータ解析が進んでいる。

このように、土中の生物は小さなものほど見つけにくく、微生物についてはやっと大きな内訳がわかり始めたところである。私たちの足元のすぐ下に、不詳の生態系が広がっているのだ。そして、この見えにくい土の生物の多様性は決して無視してよいものではない。従来、土壌生物の研究者は陸上の生物の種の4分の1が土に棲んでいると主張してきたが[4]、3分の2は土の生き物であるという最新の成果が発表されている[5]。

生態系の物質循環

種レベルで土壌生態系を把握すること、つまり土の中にどんな種の生物が棲んでいるかを具体的に知ることは難しい。しかし、元素やエネルギー単位であれば、全体像をつかむことができる。すなわち、生物の活動を「生態系の物質循環」でとらえるのである。

「生態系」という言葉を聞いてどのようなイメージが浮かぶだろうか？　生物の教科書には植物や動物の絵、もしくは箱が矢印で繋がれた図が出てきて、「生態系の炭素循環」などと説明がある。

たいていは左上の空に太陽があり、図の下のほうに水平に引かれた線が地面を表している。地下には微生物やミミズらしき動物が描かれ、「有機物分解」がここで行われるとある。

生態系や生態学の単元は生物の教科書ではたいてい後ろのほうにあり、その後に地球環境問題についての議論が出てきて終わる。不思議なことに、光合成に関しては難しい生化学的反応を暗記するのだが、生態系のところになるともはやそんな元気は残っていないようで、あっさり説明されている。炭素や窒素の単位で生態系を見ることは、生物を学ぶ際にあまり重視されていないのだろうか。一方、地球科学では、物質循環と言えば大気と海洋の間の水循環や、風化による陸上から海洋への元素の移動など大きなスケールを考えることが多い。あまり生物視点では考えないようだ。

第2章で見た通り、生態系の物質循環は、光合成や分解などの各工程を生物が担うことで成り立つ。陸上に限るとそこには必ず土が介在している。炭素は大気中に二酸化炭素（CO_2）として、窒素はN_2としていずれも気体で存在している。二酸化炭素は陸上と海洋のシアノバクテリアや植物など、光合成を行う生物たちに取り込まれ、水と太陽エネルギーを利用する生化学反応を経て炭水化物と酸素となる。非常に乱暴にいうと「CO_2」のCが炭水化物に、Oが気体の酸素になるわけだ。これを生態学では「一次生産」という。ほんの一部の微生物を除いて、地球のすべての生物が、この炭水化物に閉じ込められた太陽エネルギーを食物として利用している。一次生産が起きなければ、生き物に満ちている現在の地球はない。

光合成によって固定された炭素のその後の運命を追っていこう。一部は一次生産者の呼吸によって二酸化炭素となってふたたび大気に戻る。呼吸は炭水化物に閉じ込められた太陽エネルギーを、自らの体を維持し、動くためのエネルギーとして解放する作業である。

別の一部は、動物に食べられる。動物は自分で太陽エネルギーを固定するのではなく、植物たちが固定した太陽エネルギーを食べることによって得ている。そのため、植物を独立栄養生物、動物を従属栄養生物と呼ぶ。その動物は、また別の動物に食べられるかもしれない。このように生態系では生物が「食べる-食べられる」の関係でつながっている。生態系では一次生産者である植物を食べる動物は、二次生産者あるいは一次消費者と呼ばれる。一次生産者を出発点として異なる栄養段階にある生物が食物連鎖でつながる。実際には一列につながるわけではなく、網目状にからみあっているように見えるので「食物網」と呼ぶ。

この過程を、太陽エネルギーの流れに注目して考えてみよう。ある生物Aが別の生物Bに食べられたとき、Aの体に蓄えられていた太陽エネルギーのすべてがBの体に蓄えられるわけではない。Bは呼吸することでエネルギーを少しずつ放出していくからだ。そのため、一次生産者から一次消費者へ、さらに二次消費者へと栄養段階を経るほど、捕食した生物から得られるエネルギーは大元の太陽エネルギーに比べ少なくなる。生産者である植物に対して消費者である動物のほうが、生物の量が少ないのは道理である。このような、光合成を出発点とする「食べる-食べられる」の関係を「生食連鎖」という。

そして植物も動物も、生食連鎖のそこかしこでやがて死を迎える。陸上では、死んだものは重力に従って地面に落ちる。光合成に使った葉は、落葉樹では1年未満で廃棄される。常緑樹は種によって葉の平均寿命が異なるが、スギでは5〜6年、アカマツでは3〜4年で廃棄される。すなわち落ち葉となって地面に落ちる。そして枝や幹も、何年も生きた後にやがては枯れ、地面に落ちる。ここから、分解が始まる。

枯れたり死んだりしたものを出発点とする「分解系」は「腐食連鎖」と呼ばれている。なお、たいていの教科書は生食連鎖を大きくわかりやすく描いていて、腐食連鎖は脇役のように小さく描かれている。その上、腐食連鎖はなんだか暗いイメージもある。しかし、腐食連鎖をこのように扱うのは、物質循環の説明として間違っている。一次生産で固定された有機物のうち、陸上生態系では9割の量が、湖や海洋でもおよそ半分の量の一次生産者の体が、死ぬとすぐに「分解系」に入るからである（図3−4）。つまり、植物食の動物に食べられて生食連鎖の過程に進む有機物は全体の1割位で、9割は落ち葉や枯れ枝として地面に移動するのだ。太陽エネルギーの大部分は、一次生産からすぐに土の中の分解系に進んでいる。エネルギーの流れのみに注目するなら、むしろ生食連鎖のほうが脇役なのである。

分解系では微生物や土壌動物が枯死した有機物を食べ、呼吸によって二酸化炭素を大気に戻すとともに、窒素やリンなどの栄養塩（生元素）を無機態にし、土壌水に溶ける形にする。植物は水に溶けた栄養塩を根から吸収する。つまり、植物は動物と違って、自分の体の一部であった有機物をそのまま再利用できない。光合成によりせっかく作られた有機物は、分解系で元の原料（無機物＝

二酸化炭素や栄養塩）に戻されてから、改めて二酸化炭素が植物の気孔から、そして栄養塩が根から吸収される。生態系が持続可能であるためには、光合成による有機物生産と有機物をバラバラにして再利用可能にする分解系がセットでなければならないのである。

すでに述べたように、石炭紀には光合成速度のほうが分解速度よりも速く、その結果大気中の二酸化炭素濃度が急激に低下して、地球の寒冷化をもたらした。化石燃料として石炭を大量に燃やす現代の文明は、石炭紀に大気から隔離された二酸化炭素を、その蓄積に要した時間スケールよりはるかに短い時間で燃焼して大気に戻していると言える。地球全体でみると光合成をする植物の量はそう簡単には変わらないし、分解系の能力も大きく変わらない。つまり、植物の吸収量以上の二酸化炭素が大気に放出されている。近年の大気二酸化炭素濃度の上昇は人が生態系のバランスを乱した結果であるという

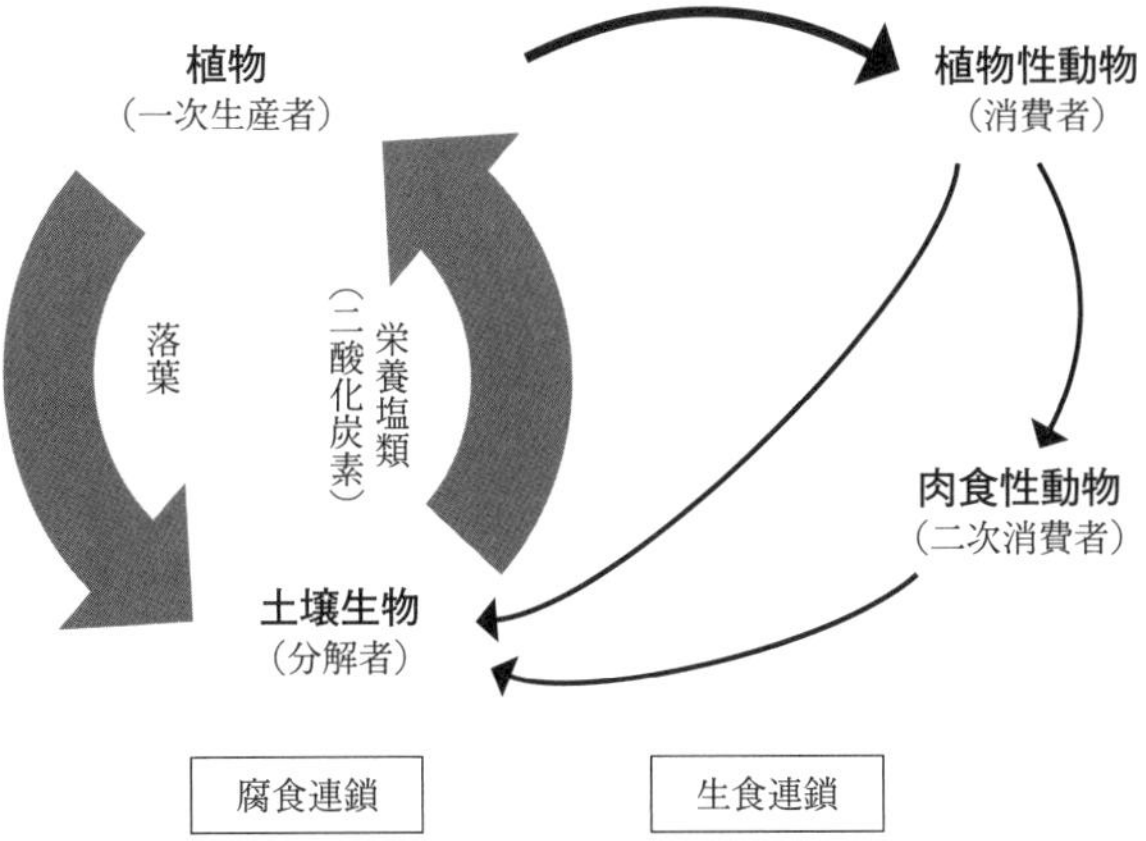

図３－４　陸上生態系の生殖連鎖と腐食連鎖。植物の作った有機物の９割は腐食連鎖に流れ、土壌で分解される。矢印の太さは物質が移動する相対的な量を表している。なお、土壌生物から植物への矢印の二酸化炭素は大気を経由している。

ことになる。

土壌生物を機能群から考える

ここまでの説明で、植物以外の陸上の生物は物質循環において重要ではなく、おまけのように思えてしまったかもしれない。もちろんそんなことはない。エネルギーのみに注目して物質循環を考えるときには現れない、さまざまな機能が彼らにはある。

私は自己紹介するときに「土の生き物の研究をしています」と言うことが多い。すると、「微生物の研究ですか？」とよく聞かれる。なぜ多くの人は、「土の生き物」と聞くと微生物ばかりが思い浮かぶのだろう。実際には、微生物が棲んでいない土がないように、土壌動物が棲んでいない土もない。

たとえば、南極にドライバレーとよばれる乾燥地がある。南極というと雪と氷で覆われているように思えるが、降水量がきわめて少なく岩石が露出している場所もある。植物が生え、陸上生態系が成立するような環境ではないが、このような場所にも、土壌生態系がある。この地の土壌生態系はアメリカの南極観測隊を中心としてよく調べられており、バクテリアやカビの他に、微生物を食べるセンチュウやクマムシが必ず生息していることがわかっている。[6] ドライバレーには、南極の短い夏の間に周囲の山地から溶けた水が川となって流れる。川に近いほど土壌水分が多く、周囲の山地から飛んできたわずかな有機物を起点として、微生物から微生物を食べる動物に続く食物連鎖が成立しているのだ。

この章の前半で述べたように、私たちが眼にする土の中には、分類学的にきわめて多様な生物が共存している。しかし、土から得られた微生物や土壌動物のすべてを種のレベルまで同定し、それらの種間関係を調べることは、現時点では難しい。そのため、ある特定の土壌生物の動きだけを見てもあまり意味がない。

そこで、種レベルの同定が難しい土壌生態系の調査や解析を行うために、生態学的な働きが似たものどうしを生態機能群（Ecological functional group）にまとめて扱うことが多い。土壌生物を類型化する際には、体の大きさ、食性、生息場所、食物連鎖上の位置などがカテゴリ分けに使える。植物や地上の動物群と関連づけて比較したい場合は、土壌生物の生態機能群として、微生物（Microbes：バクテリア、アーキア、真菌）、微生物食者（Micrograzers, microbial grazers）、落葉変換者（Litter transformers）、生態系改変者もしくは生態系エンジニア（Ecosystem engineer）に分けることが多い(7)(8)。さらに、捕食者（Predators）、根食者（Root grazers）を区別する必要がある（図3－5）。

土壌生物は分解系に大きな影響を与えている

ここまでに述べた微生物と動物の他に、植物の根も土の中の重要なメンバーである。土の生き物のエネルギー源は落ち葉や落枝、動物の死体などがあるが、生きている植物の根から分泌される糖

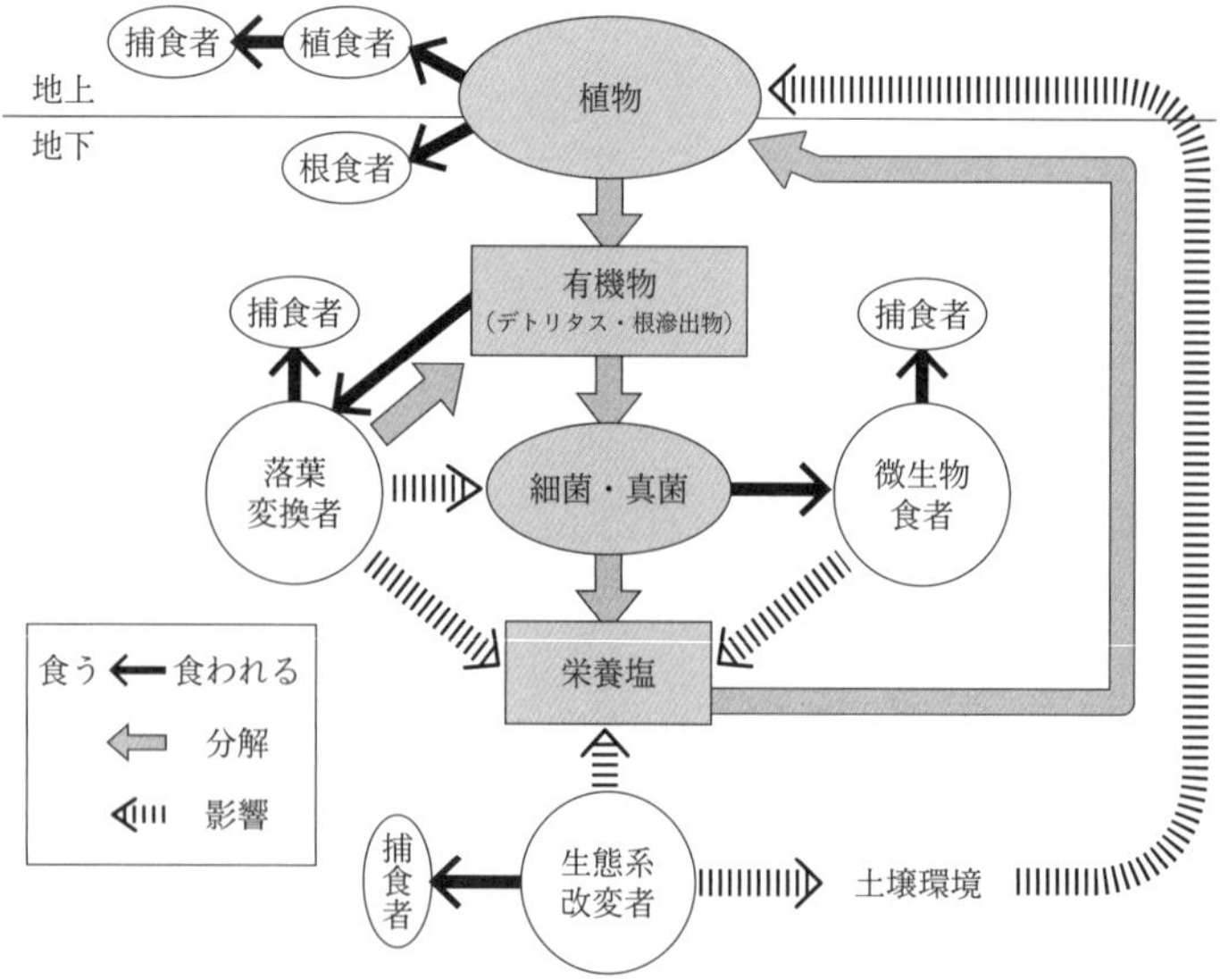

図3－5　生態機能群による土壌生物の分類

類のような根滲出物、根の先端から剝離するムシゲル、そして根そのものも、生きたまま、あるいは枯れてから微生物や動物の餌となる。

微生物はさまざまな形で植物と共生しており、根粒菌や菌根菌のように特定の種類の植物に感染し、植物の組織を改変して相利共生するものや、土から根に侵入し居候をしているように見えるエンドファイトのような微生物もいる。エンドファイトを植物に接種すると、生長がよくなったり植物を食べる動物の食害を受けにくくなったりするなどの効果がある。

地上では生きている生物が他の生物に食べられる生食連鎖が成立しているが、光のない土の世界では、光合成で固定された有機物を起源とする物質が地上から移動してきたものを起点とする腐食連鎖が成立している。腐食連鎖が成立している分解系では分解が進行するにつれて二酸化炭素が放出され、同時に有機物に含まれていた栄養塩が無機態となって植物に再利用可能となる。多くの未知の微生物と土壌動物が私たちの足元で働くことで、生産と分解のバランスがとることができている。

腐食連鎖の場合は起点が死んだ有機物であるが、それを食べた微生物や動物は他の動物に生きたまま食べられるので生食連鎖と同様の食物連鎖が存在する。また、土壌生物の活動が土の環境を変えることで、分解系の能力に大きな影響を与えている。第2章でも紹介した通り、私は、土壌生物の有無や降雨量などの要因が土をどう変えるかを調べ、そしてその中で、ミミズがいかに特異な存在かがだんだんわかってきた。彼らは土壌を大きく改変しうる存在なのである。

第4章　ミミズは不可視の要石である

ミミズを探したことはあるだろうか。たとえば子供の頃、釣り餌のために探したことがあるかもしれない。しかし、大人になってからもミミズのような土に隠れている生き物をたくさん捕まえたという人は少ないだろう。私はこれまで研究のために、たくさんのミミズを捕まえてきた。以下は、一緒にミミズを採った多くの参加者の実体験である。

ミミズはどのように土を変えているのだろうか。これを調べるために、北海道大学苫小牧研究林で野外実験を行ったことがある（図4－1）。まず、トタン板を地面に埋め込みいくつかの区画に分け、ミミズが移動できないようにする。そのうちのある区画ではその中のミミズの個体数をゼロにしたかったので、人が捕まえて取り除くことにした。

後はひたすら、朝から地面にしゃがみこんで、落ち葉をめくってミミズを探し、捕まえては柵の外に移動させていく。ヒトには狩猟本能があるらしく、ミミズが見つかるとうれしい。「あ！」とか「いた！」とか声を発しながら手に持って袋にミミズを入れていく。しかし、みんなで夕方まで一生懸命ミミズ除去をやっても、ミミズはなかなかいなくならない。

ミミズを殺す殺虫剤を地面にまけばよいのにという人もいた。調べてみると、ミミズを追い出すのにホルマリン水溶液や辛子水溶液を使っている例があった。しかし、土壌にたくさん棲んでいるミミズ以外の生物や植物に影響を与えない薬剤は思いつかなかった。

また、電気を使う方法もある。ハリウッド映画版の「ゴジラ」（1998年公開）の冒頭に、男たちが釣の餌用のミミズを集めるために車のバッテリーを使うシーンがある。これは感電の恐れがあるので、良い子も大人も真似をしないようにしてほしいが、電気を使うという方法自体は有効で、ミミズ調査用に開発されたバッテリーでミミズを追い出す機材もある。この装置は8本の電極を丸く円を描くように地面に垂直に突き刺し、いろんなパターンで通電することで、ミミズを追い出すらしい。とにかく、私たちは人力で除去することにして、多くの人に手伝ってもらった。

図4－1　北海道大学苫小牧研究林でのミミズ操作実験。トタン板に囲まれた内側でミミズをひたすら採取する

苫小牧研究林の宿舎はとても立派で、すばらしい海の幸や山の幸の食事を毎回食べきれないくらい提供してもらっ

ていた。一日の調査が終わり、食事を終えてベッドに横になって、明日も調査があるから寝ようと目を瞑る。すると、瞼の裏にたくさんのミミズが蠢く映像が浮かぶ。翌朝その話をすると、驚いたことに何人かが同じような映像が見えたと言う。かつて、長野県の八ヶ岳山麓でキシャヤスデの個体数を同じように操作する実験をした時にも、就寝直後の私たちの瞼の裏にオレンジ色のキシャヤスデが蠢いていたものだった。

ミミズの暮らし方いろいろ

横浜国立大学の構内にはおよそ10種類くらいのミミズが生息し、その多くはせっせと落ち葉を食べている。

第1章で紹介したように、ミミズにもいろんな暮らし方がある。公園や森林でよく見かけるのは表層性の種で、多くは成体となっても10センチから20センチくらいの体長だ。3月から4月頃、地温が上昇するにつれて孵化し、梅雨頃に成体になる。そして産卵すると、成体は秋には死んでしまい、卵の状態で越冬する。

彼らは、落ち葉の下や土の表層、せいぜい深さ10センチくらいの範囲に棲んでいる。落ち葉をひっくり返すと、ゴロンと出てきて動かなくなることがよくある。これは一種の死んだ真似（擬死）で、横たわっているミミズを触ると急に激しく動きだす。うっかり体の後ろのほうをつかむとトカゲの尻尾のように簡単に切れてしまう。ミミズも自切をするのだ。切れた尾部のほうの体は激しく動くが、頭部のほうは静かに逃げていく。この静かに逃げるという点が重要である。落ち葉をめくるのはミミズを探す研究者よりはミミズを食べようとする哺乳類や鳥類のほうが多い。これらの動物の目の前ではまず死んだふりをして見逃してもらうのがよいだろう。運悪く捕まりそうになっても、体の後ろが捕まったのなら本体はなんとか生き延びることができる。切れた尻尾のほうが激しく動くのは、本体が逃げる間、尻尾に捕食者たちの注意を引きつけるためである。種によっては、中に回転モーターが入っているのではと思うほど、体軸を中心にぐるぐると回る場合もある。

ミミズは捕食者に対抗できるような硬い部分が体になく、視覚的に捕食者を威嚇することもない。自切以外の防御策としては、背腔液と呼ばれる粘着物質がある。その効果がどれくらいあるか不明であるが、捕食者に捕まりそうになると背側にある背腔から粘着物質を噴出する。種によっては10センチ以上も飛ぶので、捕食者もびっくりすることがあるかもしれない。

ちなみにある時、テレビ局から西日本に棲むシーボルトミミズの背腔液が噴出される様子を撮りたいと言われたことがある。そこで、研究室で当時博士研究員をしていた南谷幸雄君が大切に飼育していたシーボルトミミズの体を、アルコールを含ませた綿で触って驚かせてみた。シーボルトミミズの場合、10センチくらいの高さまで背腔液を噴出する。噴出の様子がよくわかるように背景に黒い幕を張ってミミズを寝かせたのだが、テレビ撮影の常で、一回では撮影が終わらない。「もう一度お願いします」と何度か言われて、そのたびにアルコールで無理やり驚かされたミミズは、撮影クルーが去った後、残念ながら死んでしまった。自切と同様に、そう何度も使える手ではないのだろう。

表層性種のミミズは落ち葉を食べるが、ミミズには歯のような硬い組織はない。そのため、落ち葉を噛み砕くことができない。その代わり鳥類のように砂嚢があり、この消化管の中に土が大量に入っている。そこで落ち葉を土と一緒に強くこねることによって、落ち葉を粉砕している。

さきほど紹介した、落ち葉をめくると死んだふりをする種は表層性種であった。一方、常に地面の中に棲んでいる種は地中性種と呼んでいる。地中には落ち葉はないが、枯死した根や、分解された落ち葉が土に混入した有機物があり、それらを餌としている。地中にトンネルを掘るがトイレは地表という種もいる。芝地の所々に点々と、土の小さな粒が集まった塊があるのを見たことがあるだろうか。おそらくそれは、地中性ミミズの糞塊だ。日本の地中性のミミズは、表層性のミミズよりも小型で細長い体型をしている。地表にいると常に落ち葉などが樹冠から落ちてくるので、表層性種はあまり食べ物には困らないが、地中にある食べ物は落ち葉が分解された残りの有機物や根の枯れたものなどが主なので、餌の質や量の点では地表より劣る。しかし、捕食者の脅威は地表のほうが大きい。地表では甲虫や鳥や哺乳類が常にミミズを狙っている。モグラのように、地中にトンネルを作り、そこに這い出してきたミミズを食べる動物がいるので、地中性種も食べられてしまうことはあるが、地表での捕食圧に比べると地中のほうがより安全だろう。温度や湿度の変化といった環境の安定性の点でも地中生活のほうが有利だ。地表は温度変化が大きく、雨が降らないと地表から先に乾燥するので、地中より不安定な生息環境である。

表4－1　ヨーロッパのツリミミズ科ミミズの生活型の特徴［文献（1）を元に作成］

特性	Epigeic 種（表層性）	Anecic 種（表層採食地中性）	Endogeic 種（地中性）
食物	地表面の分解途中のリター。土壌はほとんど食べない	地表面の分解途中のリター。土壌中に引き込む。ある程度土壌も食べる	有機物に富む鉱質土壌
体色	通常背面、腹面とも濃い	通常背面のみ、中程度から非常に濃い	着色していないか、わずかに着色
成体の大きさ	小－中型	大型	中型
坑道	作らないが、表層数センチに作る場合もある	大型で恒久的な垂直の坑道を鉱質土壌まで作る	連続して発達したほぼ水平の坑道を土壌の10～15cmに作る
移動性	攪乱されるとすばやく動く	坑道にすばやく戻るがepigeicより緩慢	一般に緩慢
寿命	比較的短命	比較的長命	中間
世代長	短い	長い	短い
乾燥への耐性	乾燥時には卵包ですごす	乾燥時には活動停止	乾燥に対して休眠
捕食圧	高い。特に鳥、哺乳類、捕食性の節足動物	地表面にいるとき高いが、坑道では低い	低い。地中性の鳥や捕食性の節足動物

最後に、地中にトンネルを掘るが、もっぱら地表の落ち葉を食べる種を、表層採食地中性種と呼んでいる。彼らは表層性や地中性より大きくなる。表層採食地中性の暮らしは表層性と地中性のいいとこ取りである。すなわち、新鮮な落ち葉を食べつつ、捕食者を避けて普段は地中に暮らしている。ダーウィンはヨーロッパツリミミズと呼ばれる表層採食地中性のミミズを飼育して、その行動を詳しく調べていた。彼らは自分の棲む坑道から地表に体を出して、口で落ち葉を咥えて坑道に引き込む。ダーウィンは紙を四角や三角に切って、ミミズが落ち葉の代わりにそれらを運ぶ行動を観察したところ、つねに紙の尖った角をつまむようにして運ぶことから、ミミズに知性があると結論した。なおこれは、知性というよりは、角を引っ張るほうが楽に動かせるので、試行錯誤の結果角をつまむことが多くなるのだろう。

ミミズの暮らし方は、このように表層性（Epigeic）、地中性（Endogeic）、そして表層採食地中性（Anecic）という三つの生活型に分類されている。ただしこの分類は、フランスのブーシュによるものである[1]（**表4-1**）。ヨーロッパのミミズはツリミミズ科が優占するが、アジアのミミズはフトミミズ科が優占する。フトミミズ科のミミズでもヨーロッパの分類が適用できるだろうか？

たくさんの個体の行動を追いかけるのは大変なので、私たちはミミズが何を食べているかを窒素と炭素の安定同位体を使う方法で調べてみた[2]。体内の安定同位体（^{13}Cと^{15}N）の割合が高いほど、分解の進んだ葉（古い葉）を食べており、地中性であることを意味する。さまざまな個体を調べた結果、表層性とされる種は落葉してまもない有機物を食べるのに対し、地中性種は腐朽の進んだ有機

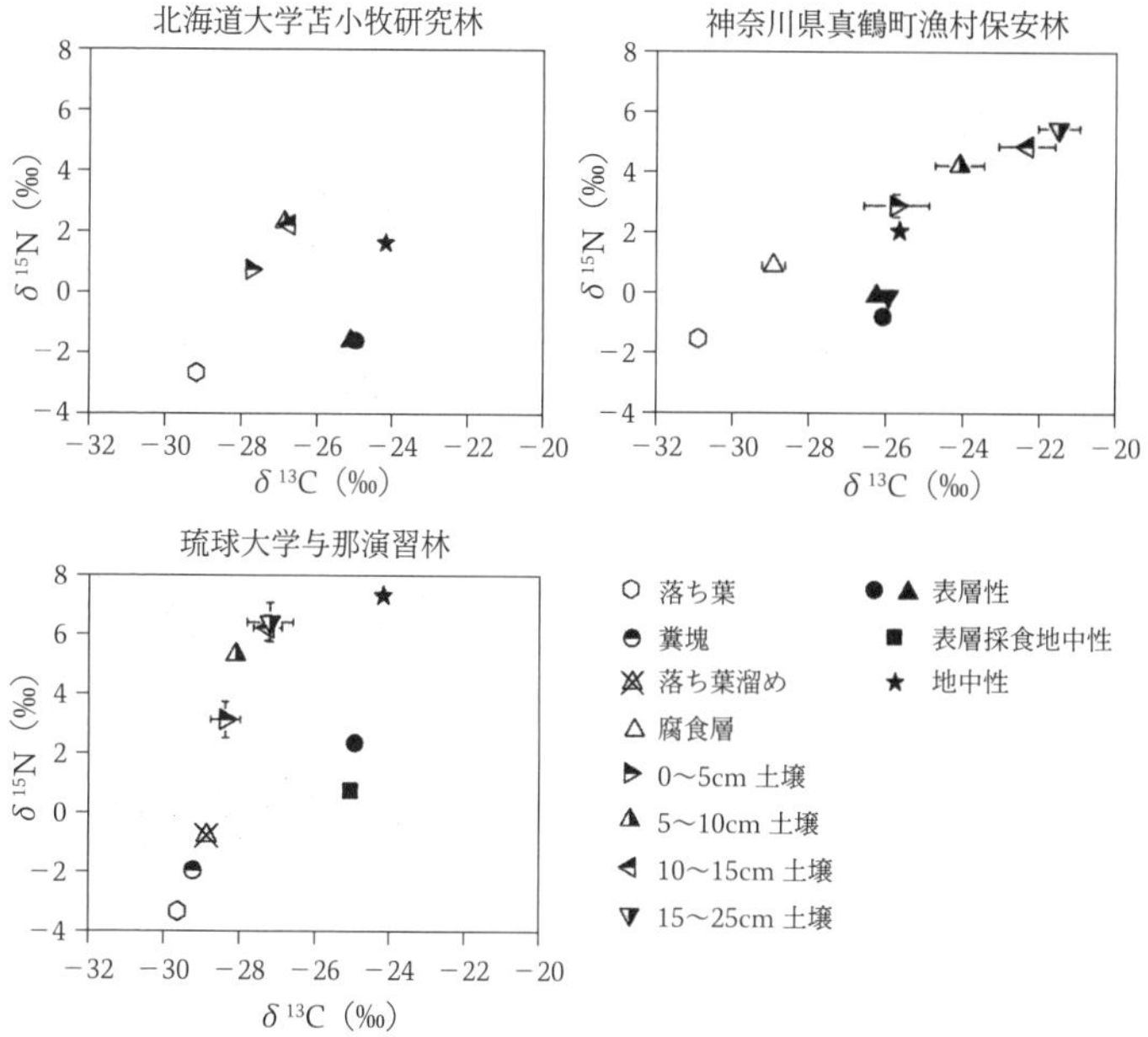

図4－2　落葉、土壌とミミズの体についての、窒素（縦軸）と炭素（横軸）の安定同位体比。土壌の有機物は落葉から分解が進むにつれて値が右上に移動する。生物は左下に位置するものを食べていると推測できるので、表層性ミミズは落葉を、地中性ミミズは落葉より分解の進んだ土壌中の有機物を食べていることがわかる。表層採食地中性は地中に棲んでいるが、同位体比から見ると落葉や土壌表層の有機物を食べている［文献（2）を元に作成］

物を食べていることがわかった（図4－2）。一方、表層採食地中性種は、落葉直後の有機物を食べる傾向にあった。これまでに述べてきたヨーロッパのツリミミズ科に適用されてきた生活型の分類は、日本のフトミミズ科ミミズに当てはめても問題ないことが明らかになった。

　とはいえ、多少の例外はある。表層採食地中性のヤンバルのヤンバルオオフトミミズと未同定のフトミミズ科ミミズの関係が面白かった。安定同位体を解析すると、未同定種の体はヤンバルオオフトミミズの体より窒素の安定同位体比が高かった。つまり分解がすすんだ落葉を餌としているらしい。しかしこの未同定種は、地中ではなくヤンバルオオフトミミズの落ち葉溜めにいるのである。どうやらこの未同定種はヤンバルオオフトミミズが集めてきた落ち葉溜めをすみかとし、さらにその中で腐朽が進んだ餌を横取りしているようだ。亜熱帯林は熱帯林と同様に高温多湿のため、微生物の活性が高く、シロアリやヤスデのような落葉食の動物も多い。したがって落ち葉の分解が速く、落葉層は薄い。このミミズにとっては棲みにくい環境だが、体の大きなヤンバルオオフトミミズが微生物や他の土壌動物に先んじて集めてくれた落ち葉溜めが格好のすみかと餌を与えてくれているというわけだ。

ヤンバルオオフトミミズに限らず、多くのミミズの種は夜間に地表面を移動している。これは日光や乾燥を避ける意味もあるだろうが、視覚を使う捕食者を避ける意味もあるだろう。

ミミズは生態系を大きく変えている

一般に温帯では、広葉樹林と針葉樹林で地表にある有機物の堆積様式が異なっている。ただし年間の落葉量は、林を構成する樹木が落葉樹か常緑樹かにかかわらず、どちらもそう大して変わらない。違うのは葉の分解速度である。広葉樹林では、落ち葉は比較的速く分解されてなくなり、分解されなかったものは土へと移動するため、地面に堆積している有機物の量が少ない。一方、針葉樹林では、分解が遅く、分解されなかった有機物が土へと混入する速度は広葉樹林に比べるととても遅い。そのため下の層ほど以前に落ちてきた有機物が堆積しており、そのまま層をなしている。広葉樹林のような有機物の堆積様式をムル型と呼び、針葉樹林に見られるような堆積様式をモダー、あるいはモル型と呼んでいる。このような堆積様式は、樹木から毎年供給される落ち葉や枯れ枝が、地表で何によって分解されているのかを反映している。

広葉樹林と針葉樹林とで林床有機物の対照的な堆積様式をもたらすひとつの理由として、ミミズの現存量が森林タイプで大きく異なることがあげられる（図4－3）[3]。広葉樹林ではフトミミズの現存量が多く、落ち葉の摂食と団粒形成が盛んになる。そのため、落ち葉の堆積層が薄くなり、土（A層上部）の上部に有機物が多くなる。一方、針葉樹林では堆積層に多くの有機物が集積するが、土（A層上部）の有機物は少ない。ミミズは、表層性種であっても数センチは土に潜るし、表層採食地中性種は落ち葉を土に引き込む。つまりミミズがいると鉛直方向の生物攪乱が土の中に生じるはずである。そうなっていないということは、針葉樹林にはミミズが少なく、他の大型土壌動物も少ないのだ。針葉樹林の有機物層には、小型節足動物やヒメミミズ、そしてセンチュウや原生生物が多数生息するが、これら小さな動物たちは、有機物を粉砕したり移動させたりする力が小さい。そのため、有機物は地表に到達した順に堆積しており、微生物と微生物食の動物たちの相互作用でゆっくり分解されていくのである。

ミミズの餌の「年齢」は生活型と連動している[4]。有機物ができた年代は、最近に限れば放射性炭

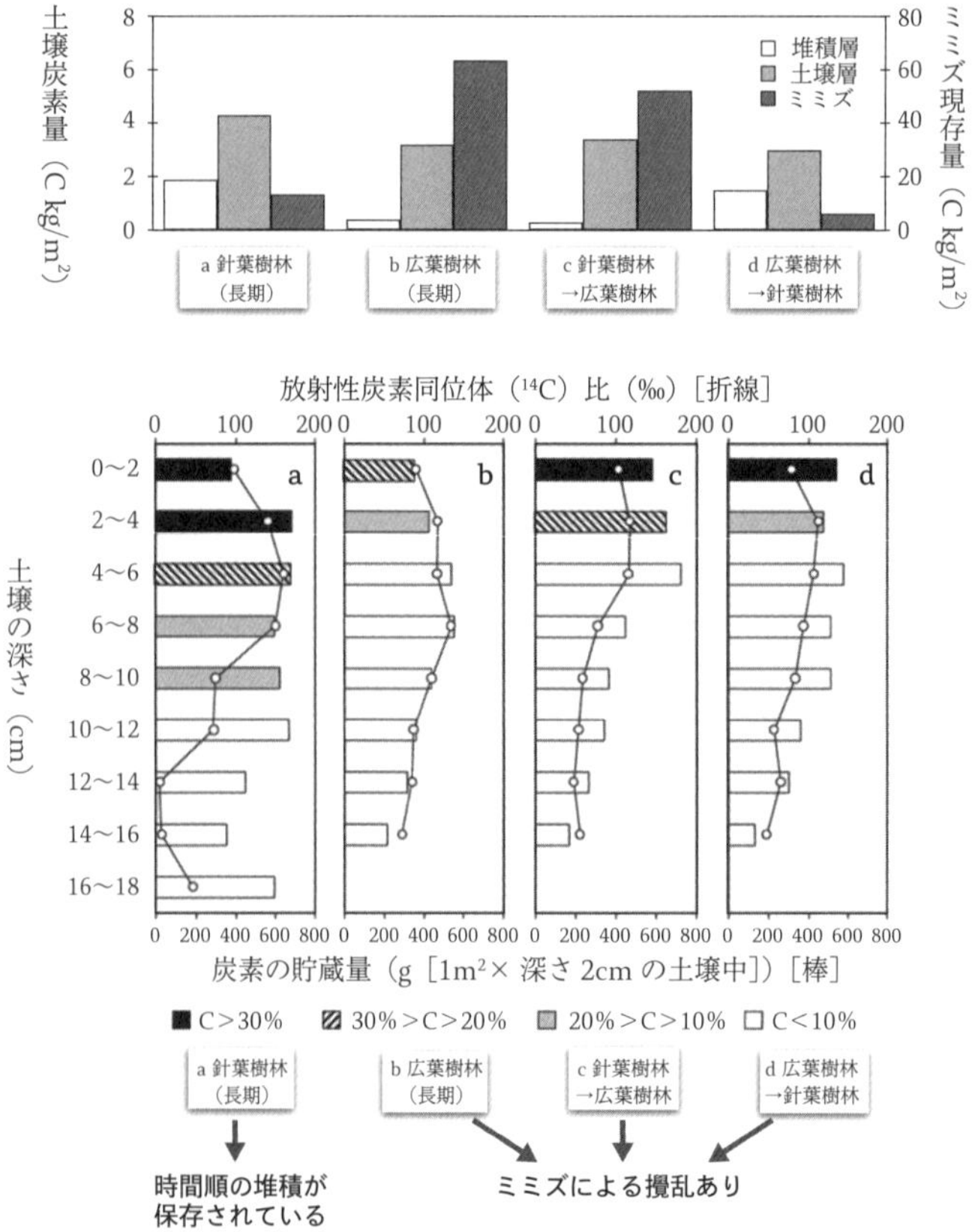

図4−3　上は森林のタイプごとに見た土壌炭素量とミミズの現存量。下は、各森林の炭素貯蔵量とそのうちの最近の落葉（^{14}C を含む有機物）の割合を、土壌の深さ方向に調べたもの。長期にわたり針葉樹林からなる森（**a**）では最近の落葉が落葉のまま厚く堆積しており、ミミズが少なく（**a** 上）、放射性炭素同位体の分布から時間順の堆積がよく保存されているとわかる（**a** 下）。長期にわたり広葉樹林からなる森（**b**）や針葉樹林から広葉樹林に変化した森（**c**）では、最近の落葉が土壌層に変化しており、ミミズが多く（**b**、**c** 上）、その攪乱を受けて、**a** のような ^{14}C のピークが見られない（**b**、**c** 下）。広葉樹林から針葉樹林に変化した森（**d**）では、最近の落葉が落葉のまま蓄積し始めており、ミミズは少ない（**d** 上）［文献（3）を元に作成］

素^{14}Cの割合を丁寧に調べることでわかる。有機物は、毎年、その年の二酸化炭素、水、栄養塩類から光合成で新たに合成される。その際、当時の大気中の二酸化炭素を構成する放射性炭素の割合が、有機物中の放射性炭素の割合を決める。実は、1950〜1963年の大気核実験により、当時の大気中の放射性炭素^{14}Cの割合が2倍に増えた。その後実験が禁止されたことにより、大気中の^{14}Cの割合は現在まで年々減り続けている。そのため、有機物の^{14}Cの割合を測るといつ光合成でできたかわかるわけである。

なお、広く知られている放射性同位体の年代測定は、手法がこれとは異なる。こちらは、大気中の二酸化炭素の^{14}Cの割合が生成と崩壊のバランスが取れているために一定であると仮定し、^{14}Cの半減期が5730年であることを利用していて、発掘された遺物の年代推定など考古学の領域で使われている。大気の^{14}Cの割合よりも遺物中の^{14}Cの割合がどれくらい小さいかで年代がわかるわけである。

ここで冒頭の、苦労してミミズを除去した話に戻ろう。苫小牧研究林の広葉樹林で丁寧にフトミミズを除去して、ある区画のミミズの活動を制限することができた。すると、表層土のpHが下がり、可給態のカルシウムやリン酸の濃度が低下した（図4−4）[5]。近くの針葉樹林の土を調べてみると、フトミミズを除去した土と似ており、こちらもpHが低く、可給態のカルシウムやリン酸が少なかった。これらのことから、フトミミズの摂食と生物攪乱は、表層土の化学的な状態を一定の状態に維持していることがわかる。

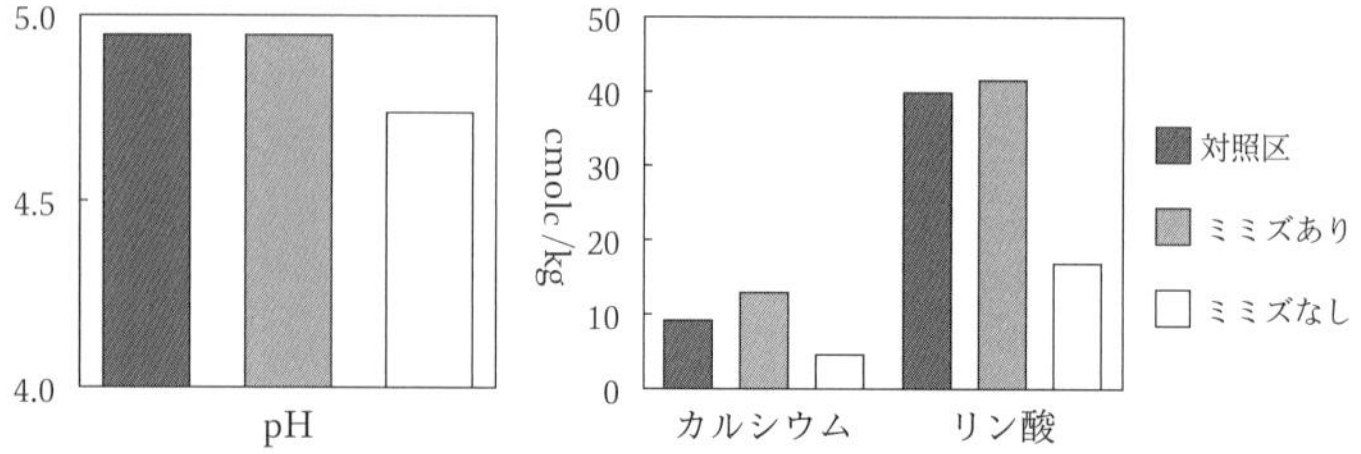

図4−4　ミミズの有無による表層土の化学性状の違い。「対照区」はトタン板の外側の操作をしていないところ、「ミミズあり」はトタン板の内側でミミズを除去しなかったところ、「ミミズなし」はトタン板の内側でミミズを除去したところを指す。ミミズがいる土壌のほうが、カルシウムやリン酸の含有量が多い［文献（5）を元に作成］

もう一つ例を挙げよう。北米東部の森林では、本来はあまりミミズが棲んでいなかった。その理由は、氷河期に厚い氷に覆われた後、植生が回復する過程でミミズが移動できなかったからである。そのせいで日本の温帯に比べると大型ミミズが少ない。しかし残念なことに、この温帯林にアメリカの国外から持ち込まれたミミズが定着し、土を大きく変えている。特に近年、アジアから定着したフトミミズ科のミミズの生息域が拡大している。ミミズが少ないことが自然であったアメリカ東部の温帯広葉樹林では、落葉が厚く堆積していた（モダー型）。そこにフトミミズがやってくると、落葉が消費され土壌はムル型へと変化する。これは単に地表面の見た目を変えるだけでなく、森林にさまざまな影響を及ぼした。

このミミズの侵入最前線を目の当たりにすることができる場所がある。ニューヨーク州の森林内にミミズが侵入した場所と侵入していない場所があり、前者ではミミズが落ち葉を食べることで、後者よりも地面が下がって見えるという[6]。ミミズ以外の土壌生物がややのんびりと落ち葉を食べて処理していた場所に、外来種ミミズがやってきて旺盛に落ち葉を食べてしまったというわけだ[7]。

落葉分解は森林における物質循環の重要なプロセスであり、その分解プロセスの改変は森林全体に大きな変化をもたらす。たとえば、厚い落葉層の環境で生活していた林床植物の中には、この変化に対応できず、生活できなくなる種も出てきた。イネ科やカヤツリグサ科の外来種が増える一方で、在来種の減少が観察されている[8]。汚染物質が原因の場合は、汚染源を止めたり除染したりすればその影響は低下する。しかし、外来種がやってくると、生殖によりその個体数がどんどん増えてしまう。一度森林に侵入した外来種ミミズを除去することはとても難しい。

ミミズが死んでも糞は残る

ミミズの糞ほど、ありふれていながら人の視界に入らないものはないかもしれない。第1章で紹介したヤンバルオオフトミミズの糞塊（図1-3）にしても、私の目にはとても目立つのだが、ある研究者と一緒にヤンバルの森を歩いた時は「言われるまで気がつきませんでした」という反応だった。地面はミミズの糞からできている、というのは言い過ぎに聞こえるかもしれないが、ミミズやその他の土壌動物の数を考えるとまんざら嘘でもないのである（口絵1）。

ミミズが棲んでいることで、物質循環にはどんな影響があるのだろうか。日本の広い範囲に分布するヒトツモンミミズを材料にして、糞の中の窒素動態を調べたことがある（図4-5、口絵2）[9]。まず大量にヒトツモンミミズを捕まえて、同じ土壌をいれた容器で飼育する。毎日容器を変えなが

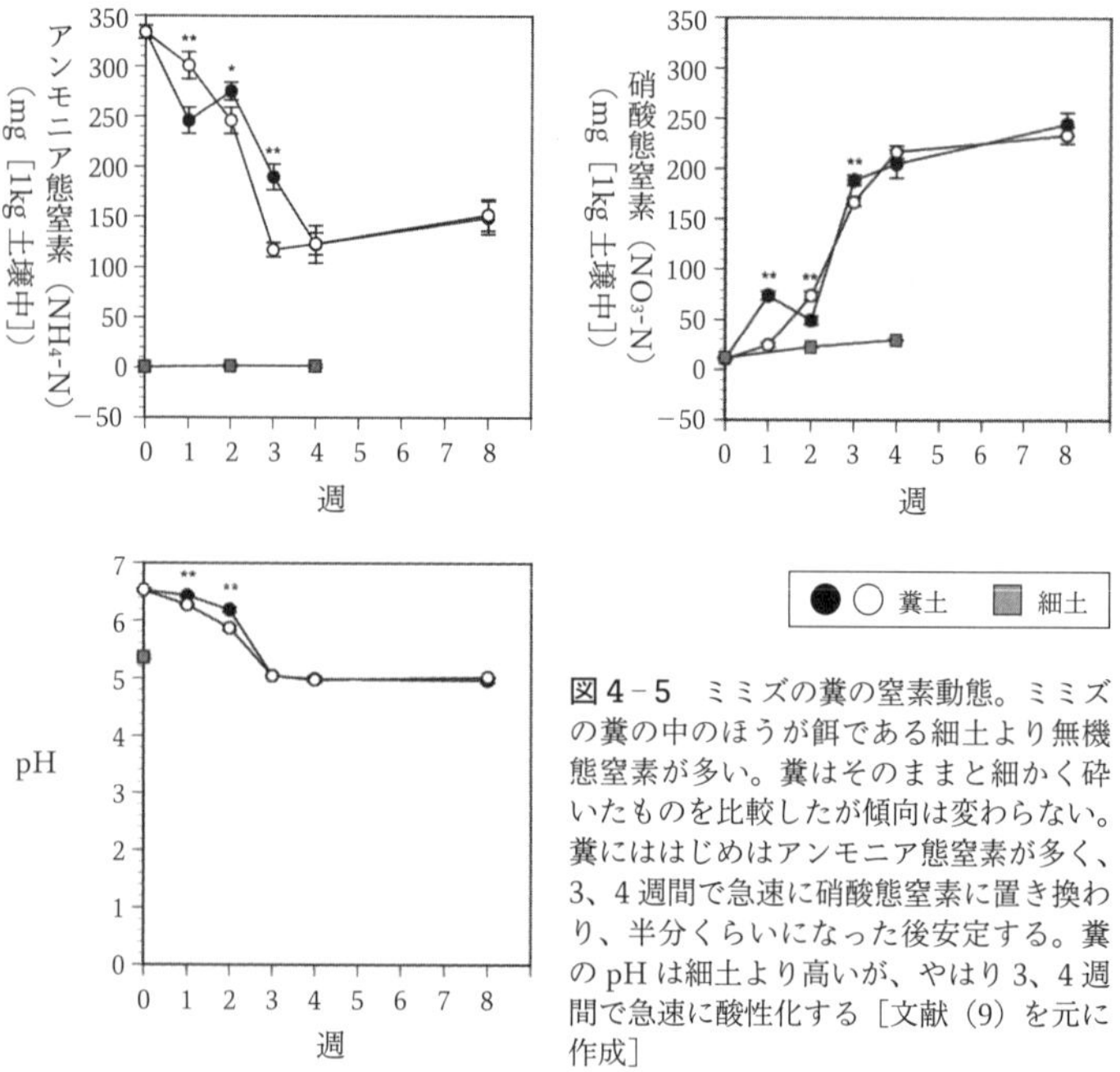

図 4－5　ミミズの糞の窒素動態。ミミズの糞の中のほうが餌である細土より無機態窒素が多い。糞はそのままと細かく砕いたものを比較したが傾向は変わらない。糞にははじめはアンモニア態窒素が多く、3、4 週間で急速に硝酸態窒素に置き換わり、半分くらいになった後安定する。糞の pH は細土より高いが、やはり 3、4 週間で急速に酸性化する［文献（9）を元に作成］

ら、24時間以内に排出された糞だけを集めて、一定温度で乾燥しないように培養する。ミミズの新鮮な糞にはミミズの体から排泄されたアンモニア態窒素が含まれ、これは餌である土壌よりも高濃度である。この窒素は糞の中で急速に硝酸態窒素に変化する。これは硝化と呼ばれ、微生物によって亜硝酸態の窒素を経て硝酸態にまで酸化される作用である。硝化は約4週間続き、アンモニア態窒素の濃度がおよそ半分になるまで続いた。硝化の過程で水素イオンが生成されるので、糞は酸性化する。新鮮な糞ではアンモニウムイオンの影響でpHが土壌より高くなっていたが、4週間かけてｐＨが2程度低下し、土壌よりやや低いくらいになった。ｐＨは対数なので、水素イオン濃度が１００倍になったことを意味する。植物は硝酸態窒素もアンモニア態窒素も根から吸収できる。土と比べると高濃度の無機態窒素を含むミミズの糞が土にあることは、植物にとって好都合である。

ミミズの糞は耐水性団粒となりやすいので、地面にはいつ排泄されたのかわからないミミズの糞が集積している。このうち、新鮮な糞の中では無機態の窒素が急速に硝化され、雨が降ると土壌水に硝酸態窒素として放出されているが、古い糞の中では土と混合された有機物が長い時間分解されずに残っている。陰イオンになる硝酸態窒素は土壌に吸着されにくく、水の移動とともに流れていくが、陽イオンになるアンモニア態窒素は土壌に吸着されやすいからである。ミミズが食べて団粒にすることで、砂嚢の中で土と混合された落葉の破片は微生物に利用され硝化が進むが、一部は粘土鉱物に吸着され、やがて微生物には利用できなくなるのだ。ミミズは初期の落葉分解を促進するとともに、やがては分解を抑制することで、土の中に有機物を蓄えるしくみのひとつとなっているのである。

生物が環境を変え、その寿命を超えて他の生物に影響を与えることを物理的生態系改変と呼んでいる。たとえば、ビーバーのカップルが巣を作るために樹木を齧り倒し、川を堰き止めてダムを作ると、水没した樹木が枯れる一方で水生生物の生息場所が増える。ビーバーたちがそこから去っても、ダムが壊れない限り、この環境改変は残る。また、森林で大きな木が倒れ、土を抱えたまま根が引き起こされると、地面が窪み、水が溜まるようになる。そうすると森林の中ではあるが、水生生物が生息する場所ができる。実はミミズも、人知れず同様のことをしているのだ。

ミミズがどれくらい土を食べて排泄しているかについては、ダーウィンの例も含めて数多く研究されてきた。地表面に糞を排出してくれるミミズなら、一定期間ごとに地面を注意深く見て糞を集めればよいのだが、地中に排出されてしまうと集めることができない。そこで、放射性炭素同位体を用いて土の中や糞に含まれる有機物の年齢を調べ、ミミズの活動によってどれくらいの糞が形成されたのかを調べたことがある。

ミミズがまったくいない茨城大学の不耕起栽培試験地と、ミミズが多く生息している大学の近くの自然農（不耕起草生栽培）の畑で土を丁寧にとり、団粒をよりわけて炭素同位体を調べた。[10] すでに述べたように、近年の有機物の放射性炭素同位体比は光合成が行われた年の大気中の放射性同位体比を反映している。解析の結果、ミミズがいると団粒の中の有機物の含有率が高く、有機物を構成する炭素年齢がミミズのいないところよりも若くなっていることがわかった。団粒の量から考えて、ミミズたちは11年の間に38・9トン／ヘクタールの土と2・81トン／ヘクタールの落ち葉を食べて団粒を作り、土壌構造を変えていると推定できた。

ミミズの糞の生産速度は面積当たりのミミズの数や大きさに左右される。過去どれくらいのミミズがいたかわからないが、この調査の場合は、年間3・5トン／ヘクタールの土に0・26トン／ヘクタールの落ち葉を混ぜて排出しているようだった。土の容積重を1と仮定すると3・5トン／

ヘクタールの土の厚さは3・5ミリとなるので、ミミズは年間3・5ミリずつ地面に糞を敷き詰めていることになる。

ミミズの糞も、ミミズの寿命を超えて環境を変えている。団粒はその中の微細な隙間に水を蓄える一方で、粒と粒の間は大きな隙間となり、水が容易に移動する。すなわち保水性と排水性を両立させている。ホームセンターで売られている鉢植えやプランター用の土壌資材は、団粒と同じような構造をもつ鹿沼土や発泡石を使っている。わざわざ買いに行かなくても、あなたの足元でミミズが静かに作っているのだ。

世界中のミミズの分布を調べる

ミミズはどんなところに多いのだろう。多くの陸生生物は湿潤な熱帯地方で多様性が高く、現存量も多い。ところがミミズの現存量は、温帯の広葉樹林や温帯草原のほうが熱帯の生態系よりも多いことが従来から知られていた。温帯や冷温帯の針葉樹林では少なくなり、ツンドラではほとんど生息していない。なお最近、ミミズ以外の土壌生物の地理的な分布についても再解析が進んでいる。

では多様性についてはどうだろうか？　私も協力した2020年の研究論文で、ミミズの種の多様性も熱帯より温帯で高いという結果が出た（図4-6）[11]。熱帯地域でミミズを研究している研究者からは、熱帯地域での調査が十分でないからこのような結果が出るのではという意見も出されているが、少なくとも温帯のほうが熱帯よりもミミズの現存量が多いということは多くの研究者が認め

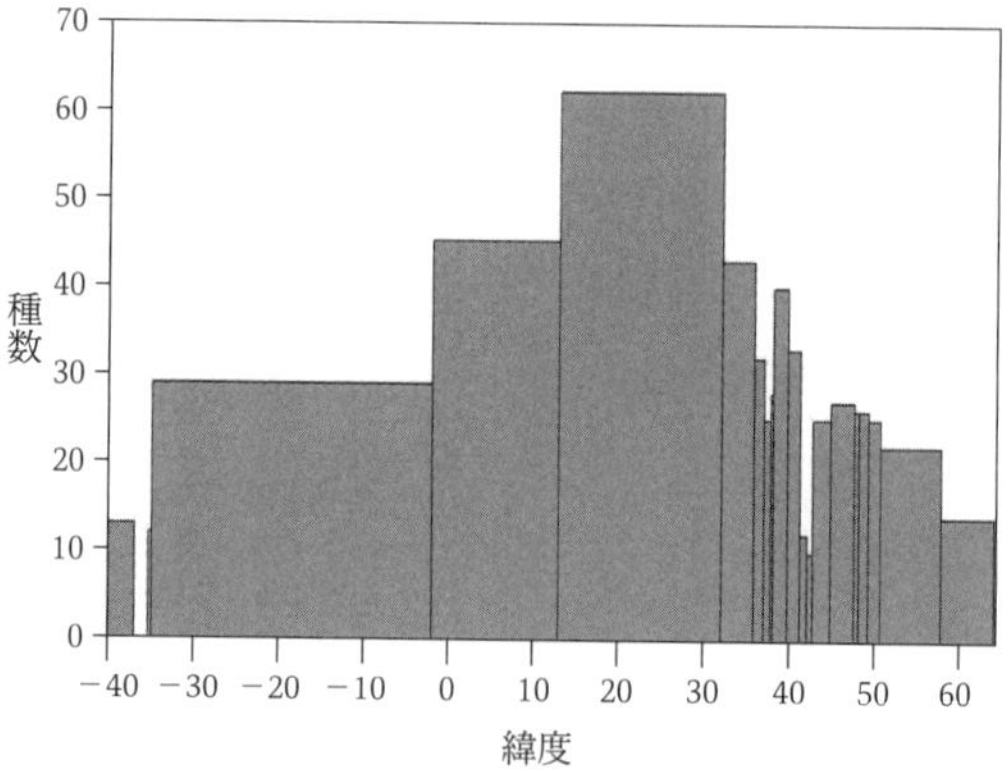

図4－6　全球的なミミズの種多様性の分布。緯度ごとの種数を見ており、マイナスは南半球。多くの生物は熱帯でもっとも多様性が高くなるが、ミミズの場合は北緯20度から30度、温帯林や温帯草原で多様性が高い［文献4章（11）を元に作成］

ている。

その理由は、高温湿潤な熱帯では落ち葉の分解が速く、それに加えてシロアリという強力なライバルが落ち葉を先取りすることが大きいからだ。ミミズの三つの生活型のうち、表層性や表層採食地中性種は熱帯ではほとんど見られない。地中性の種には、腐植に富んだ（すなわち栄養に富んだ）土壌を食べる種の他にも、腐植の少ない（栄養の少ない）土壌で我慢して暮らしている種が、熱帯にだけ見られる。これらの地中性の種は腐植化が進んだ有機物を食べる。腐植の少ない土壌では、まず微生物に落ち葉を分解してもらう必要がある。有機物の消化を微生物の活動に大きく依存しながら生きるには、微生物の活動が活発である必要がある。そのため、温帯より暖かい熱帯でないと、栄養の少ない腐植を食べる生活が成り立たないのだろうと言われている。

このように、ミミズが棲んでいる森林でミミズを取り去ったり、逆にミミズのいなかった森にミミズが侵入したりするだけで、土壌の性質が化学的にも物理的にも大きく変わる。しかもその影響は長く尾を引く。ミミズは、人知れずその生態系の要となっているのだ。

ここまで自然の土に棲む生物たちの働きを見てきた。何気なく見ている土にも生物たちの働きがあり、無生物の状態と対比すると大きく改変されている。農業とは、このような土と生物の複雑な関係に人が介入することである。次章からは、介入の仕方によって、土や生物に何が起きるのかを見ていこう。

第二部　人の介入で何が起きるか——現在の主流農業の問題点

第5章　沈黙するミミズたち

進撃のトラクター

本章は恐怖体験から始めたい。ミミズに変身して、暗くて狭いが快適な環境に暮らしていたあなたは、ある日突然大きな危機に見舞われる。

家庭菜園でたまたま地面を掘ったら、切れたミミズが大暴れして驚いたという体験を持つ人はいないだろうか？　ミミズは土を耕すと死んでしまう。土の中に暮らすミミズには、誰かが鍬を振り上げて、次の瞬間自分に向かって振り下ろしてくるなどということは感知できない。トラクターのような農業機械が近づいてきた場合も同様だ。トラクターなら、土の中でも振動は感じられるだろう。しかし、次の瞬間すごいスピードで土がかき混ぜられると誰が想像できるだろうか。どちらへ逃げたらいいのだろう。ミミズは逃げる暇もなく切断される。運良く生き残っても、地面に放り出されてぐずぐずしているうちに、鳥たちがやってきて食べられてしまう。トラクターが土を耕した後にカラスやムクドリなどが飛んできて、しきりに地面で餌を探しているのを見たことがあるだろうか。耕した後の農地には、切断されて動きが鈍ったミミズやひからびたコガネムシの幼虫が転がっていることを、鳥たちはよく知っている。

沈黙の春

農薬が昆虫をことごとく殺し、春になっても鳥の餌がなく、鳴く鳥がいない、音のしない沈黙の春が訪れる。このレイチェル・カーソンの『沈黙の春』[1]の一節は、私が高校生の頃に朝日新聞に連載されていた有吉佐和子の『複合汚染』で知った。『沈黙の春』は当時住んでいた奈良市内の大きな本屋では探しても見つからなくて、大阪梅田の旭屋書店までわざわざ買いに行った記憶がある。

農薬には動物（主に昆虫）を殺す殺虫剤、微生物（主に真菌類）を殺す殺菌剤、そして雑草を殺す除草剤がある。殺虫剤は葉や実を直接食べたり、吸汁したりする昆虫やダニ類を殺すために開発された。第二次世界大戦中の化学兵器の転用であるともよく言われる。当初は毒性が強く、対象とする害虫以外にも、害虫を食べる昆虫、哺乳類、鳥、爬虫類、そして農薬を散布する農家にも深刻な影響を与えた。

カーソンが気づいたのは、有機塩素系の農薬が、食物連鎖の中で餌となる生物よりもそれを食べた捕食者の体に濃縮する「生物濃縮」という現象であった。汚染物質の中には、体内に入った後容易に排泄されないために、濃度の低い餌をとりつづけているだけでも、長期的には食べた捕食者の体内に蓄積していき濃度が上がるものがある。有機塩素系農薬は脊椎動物の脂質に多く残留するため、農地に散布されたものが食物連鎖を通じて濃縮していき、最終的には猛禽類の繁殖率を低下させるほどの影響があった。

農薬の開発は、非標的生物への影響を抑えつつ、害虫と言われる標的生物をいかに殺すかを追究する歴史である。しかし、毒性の低い農薬を開発しても、実際に環境中に放出されると当初想定されたよりも多くの負の影響が発覚することを繰り返してきた。そしていつの頃からか、農地には作物以外の生物の影を見なくなっていった。

『沈黙の春』は、農薬の弊害を広く認識させることに成功し、毒性の低い農薬の開発や、農薬を使わない有機農業の発展を促したと言えるだろう。では、かつて鳥たちの沈黙が農薬の害を訴えたのならば、彼らよりもはるかに目立たず、気にもとめられていないミミズたちの沈黙は、何を訴えているのだろうか。

キャンパスの無断試験地

農薬を撒くと土の生物に何らかの影響があることはよく知られている。しかし、土を耕すことも大きな影響がある。これまで、私は何か所かで耕す区画と耕さない区画を設けて試験栽培を行ってきたのだが、どこでも一度耕した土にはなかなかミミズがやってこなくなるのである。耕されてライバルが駆逐された空白地帯にはすぐに周りの土地からミミズが押し寄せてきそうなものだが、そうならないのだ。

試験地として最初に設定したのは、横浜国立大学のキャンパス内だった。このキャンパスは、18ホールの本格的なゴルフコースとして１９２３年に作られた程ヶ谷カントリー倶楽部の跡地に、１９７４年に移転してきた。今でもキャンパスにはクラブハウスの一部が残り、当時からのクスノキが街路樹として残されている。都市部のほど近くにありながら緑あふれる場所である。

私が勤務していた建物の横にあった緑地は大学のランドマークにもなっている給水塔に接しており、大学の移転以来、芝刈り機で年に二度ほど草刈りが行われてきた。私は２０１０年に、そこに勝手に試験地を作ることにした（最後まで大学の正式な許可はもらわなかった）。最初は試験の方向性が定まらず、ライ麦やインゲン豆、大根などの作りやすい作物を作っていたが、翌年から夏は大豆、冬は小麦を栽培することにしてデータを取り始めた。

目的は、耕起と不耕起、施肥と無施肥の違いを農産物と土の両方で比較することである。場所は大して広くなかったので、1区画につき3メートル×4メートル、合計16区画を四つの反復区に分け、そこに四つの処理（耕起と不耕起、施肥と無施肥の組み合わせ）を割り付けた。耕起区ではカセットガスボンベで動く家庭用の小さな耕耘《うん》機を購入して耕し、種子を蒔いた。不耕起区ではそれまでの草地は掘り返さず、草を刈った後に地面に浅く溝を掘って種子を蒔くという栽培方法である。どのパターンも、農薬や除草剤は使わない。そのため、耕起区は適宜生えてくる雑草を抜き、不耕起区は雑草を刈り取って地面に置いた。不耕起区の管理は、自然農と呼ばれる農家が採用している方法を参考にして、このような、耕さず、雑草をぬかずに刈り取ってその場に置く方法を「不耕起・草生栽培」と呼ぶことにした。実はそれまで、私は家庭菜園での栽培以外は農業について知らなかった。まったくの素人が大豆と小麦を栽培してみたというわけだ。

試験区では土壌分析の試料を採取するとともに、25センチ四方の地面を掘って、そこに棲んでいる肉眼で見つかる土壌動物（大型土壌動物）を捕まえて調べた。驚くべきことに、不耕起区にはミミズが25センチ四方に多い時で10頭くらい生息していたのだが、耕起区では5年間毎年調べてたった1頭しか見つからなかった。耕起区と言ってもすぐ隣には不耕起区があり、試験地の周りは歴史のある緑地である。いくらミミズでも1時間も移動すれば耕起区に侵入できそうなものだが、たった半年に一度の耕起という攪乱で、棲んでくれなくなったのだ。

つまり、耕された時に死亡することだけがミミズの減少の理由ではない。それだけならば、彼らはすぐに戻ってくるはずだ。耕されることで土壌構造が変化すること、そして雑草のような植物がなくなることで、耕起区が長期間にわたりミミズにとって棲みにくい環境になっているようだった。

楽園に闖入した研究者

地面を耕すことで、ミミズ以外の土壌生物にも影響があるのだろうか。もうひとつの事例を見てみよう。愛知県新城市で福津農園を経営されている松沢政満さんは、ご夫婦で30年以上にわたり有機栽培で農園を維持されてきた。ご自宅から見える水田、畑、果樹園の、あわせて1ヘクタールほどの農地はいつ訪れてもとても美しく、調和のとれた空間となっている（図5－1、口絵6）。ここは地質学的には蛇紋岩の影響を受けた土壌で、土壌層が薄く、礫《れき》が多い。松沢さんはこのような土地では耕すことで土が悪くなると考え、独自の不耕起農法を開発されてきた。

図5－1　畑と果樹園で不耕起・草生栽培を行う福津農園（愛知県新城市）の風景。手前は野菜の畑として使われているが、植物と落ち葉に覆われて地面が見えない

松沢さんの農園では、水田は不耕起ではないが、畑と果樹やそのまわりの作物は不耕起・草生の状態で栽培されている。春先、松沢さんの畑の作物のない場所は、牧草として使われるイタリアンライグラスを主力とする雑草に覆われている。空のドラム缶を雑草の上に転がすと、イタリアンライグラスは勢いを失って徐々に枯れていく。松沢さんは地面に倒れた雑草をかき分けて、野菜の苗を植えたり、種子を蒔いたりして栽培をされている。

松沢さんの農園で、私たちの観測のために土を耕したときの土壌動物の変化を調べたことがある[2]。深さ30センチのところに小さな装置を埋めさせていただくために、50センチ四方ほどの地面を掘り、装置を埋めた後に丁寧に土を戻し、刈った草をその上にかけておいた。半年後に、地面の攪乱していないところと、装置を埋めたことで攪乱したところに棲んでいた土壌動物の種類と体重を調べて図にしたのが、図5－2だ。これを見ると、松沢さんが不耕起で長年管理された畑にはクモの仲間やミミズなど14群もの多様な土壌動物が棲息していた。

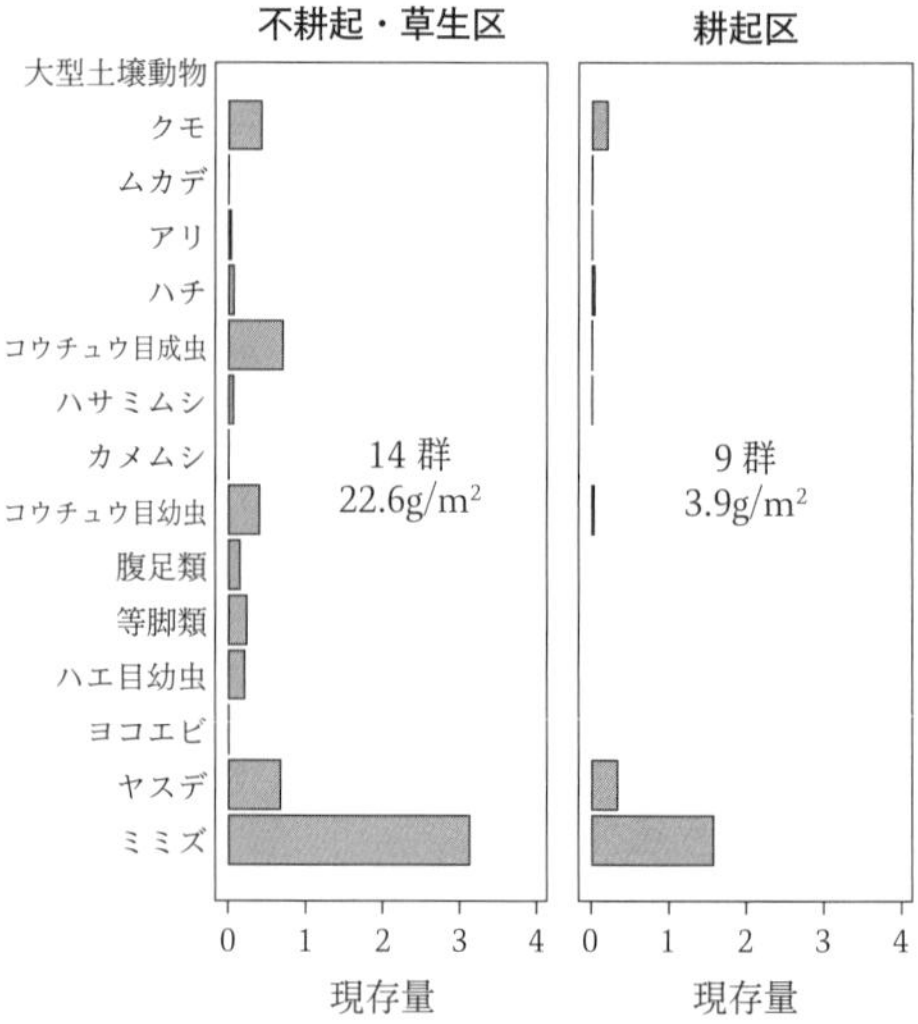

図5－2　愛知県新城市の福津農園における不耕起草生畑地と攪乱部分の大型土壌動物相と現存量（湿重量［g/m^2］の対数値）の比較［文献（2）を元に作成］

どのような土壌動物が生息していたかを簡単に説明すると、クモの仲間は動物を食べる捕食者で、地表を歩き回って餌をとる種や地面付近に小さな網をはる種がいる（**口絵5**）。ムカデも捕食者で、体節が多数あり、体節ごとに1対の脚がある。アリは他の動物も食べるが植物の種子も食べる。コウチュウ目の成虫にはミミズを食べる種や植物の種子を食べる種など実に多様な種が含まれる。ハサミムシは尾端が鋏になっている昆虫で捕食者だ。カメムシは植物の師管液を吸う昆虫だが、土壌性の根から吸汁するカメムシもいる。コウチュウ目の幼虫はコガネムシの幼虫のように作物の根を食害する害虫もいるが、土壌中で他の無脊椎動物を食べる捕食者も含まれる。腹足類はカタツムリやナメクジのことだ。等脚類はダンゴムシの仲間のことで、落ち葉を食べている。土の中には多様なハエの幼虫がいて、落ち葉などの有機物を食べるが、一部は植物の双葉などを食害する。ヨコエビは湿った土壌に棲むエビに近い節足動物で、やはり有機物を食べる。ヤスデは枯れた有機物を食べている。

攪乱を受けたことで、30年以上耕したことのない土壌に棲んでいたこれらの土壌動物のうち、クモやコウチュウ目成虫、幼虫、ヤスデやミミズが減少し、腹足類や等脚類がいなくなり、全部で9群に減少した。採取された動物たちの体重をまとめて量り、1平方メートルに換算してみると、松沢さんの畑にはもともと22・6グラムいた動物たちが、攪乱を受けて5分の1以下の3・9グラムに減ってしまっていた。攪乱と言っても、トラクターで耕したのではなく、大切に管理されてきた畑の土の一角を、研究のためにハンドショベルで一度、少し掘り返しただけである。その周りには土壌生物がたくさんいる。にもかかわらず、耕した場所の土は土壌動物にとっては棲みにくくなってしまうことがわかった。

有機農業の畑でもミミズが少ない

では、実際に農業の現場で土壌を耕すとミミズにとってどのような影響があるのだろうか？　主にヨーロッパとアメリカで得られたデータをまとめたブリオネスとシュミット[3]の報告によると、保全的な管理として不耕起を採用すると、その土壌には耕起区に比べて約2倍の数のミミズが生息するようになり、体重を合わせると3倍にもなった（図5–3）。

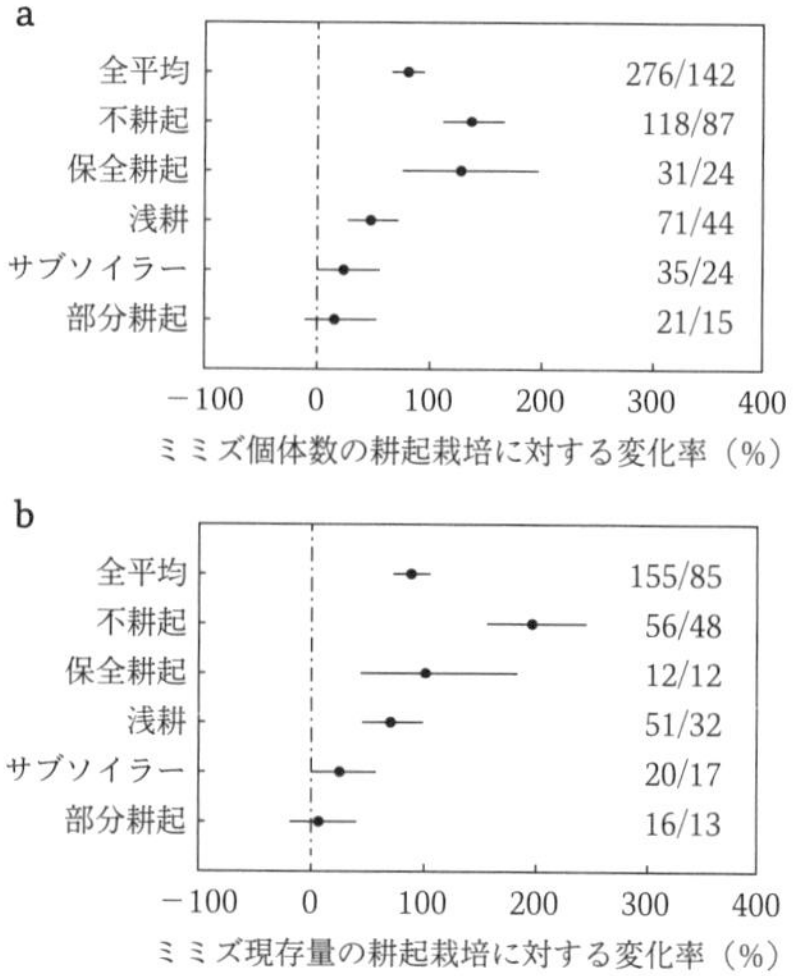

図5－3　耕起栽培から各種の保全的な耕起方法に変えた後の（a）ミミズ個体数と（b）現存量の変化の割合（%）。図中の分数の左が保全的な管理時の、右が従来の耕起栽培時の観測数を示す。保全耕起は不耕起と有機物マルチ、輪作を組み合わせたもの。サブソイラーは地下にトラクターの刃を入れて引っ張り、土壌層を緩める方法をいう［文献（3）を元に作成］

日本の畑地では、ロータリー耕と言って、小型の刃を高速で回転させ、土を細かく砕く耕耘方法が好まれている。ヨーロッパやアメリカではプラウ耕と言って、大きな鋤で土を反転させる方法が主流である。プラウ耕ならまだミミズもいくらかは切断されずに生き残るかもしれないが、ロータリー耕はほぼ皆殺しであろう。

農家は、畑を耕すことで雑草を減らしたり、種子や苗の植え付けの作業を容易にしたり、堆肥や肥料を土に混ぜたりしている。ロータリー耕で整地した農地は、まるで試合前の甲子園球場のグラウンドのように滑らかに土が整えられている。その農地の仕上がりを見てうっとりするような満足感を感じることもわかるような気がする。わざわざミミズのことまで考えて農地を管理している人はほとんどいないだろう。

有機農業は自然にやさしいと言われているが、

耕しているのならば、土壌動物にはやさしいとは言えない。図5－4は、慣行栽培（農薬も化学肥料も使う）とそれらを使用しない有機栽培とで、農地や農地周辺のさまざまな生物の多様性を比較したものだ[4]。

この研究によると、有機栽培の農地では慣行栽培の農地に比べ、送粉者や捕食者のように多様性が上がる動物群が多く、農地の作物以外の植物の多様性も上がっている。しかしよく見ると、分解者についてはほとんど差がない。ここでの分解者には、さきほど説明したようなミミズやダンゴムシ、ヤスデといった有機物を食べる動物と、微生物が含まれる。この研究の場合、有機栽培のデータは耕している畑のものであった。横浜国立大学や松沢さんの畑での結果でも明らかなように、有機栽培であっても、耕すだけで土壌生物は大きなダメージを受けるのである。ロータリー耕で、ミミズ以外に微生物や他の土壌動物も死んでいるのだ。

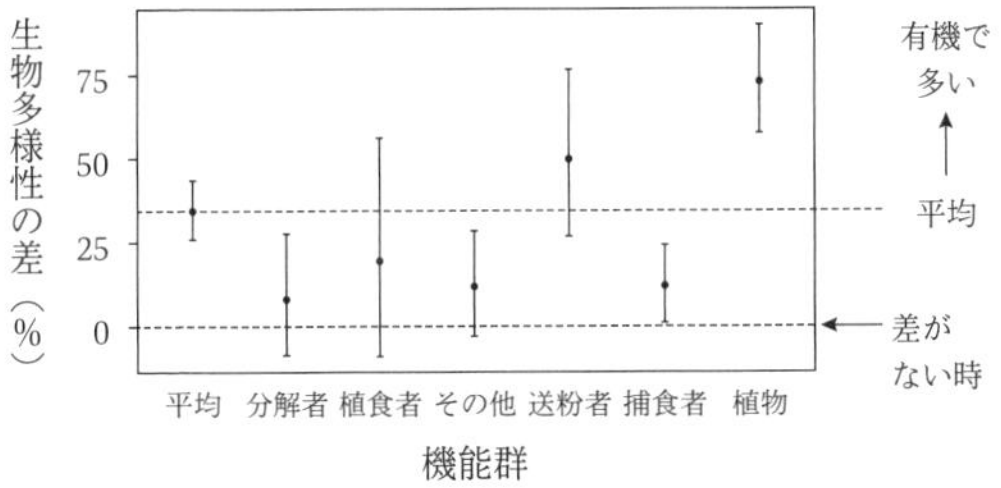

図5－4　農地の生物多様性を有機栽培と慣行栽培で比較。差が大きいほど有機栽培のほうが慣行栽培より多様性が高い［文献（4）を元に作成］

もうおわかりだろう。有機農業は化学肥料や農薬を使わないので、地球や自然にやさしいとされているが、耕す農業はどんな農業でも、ミミズなどの土壌生物たちにはまったくもってやさしくないのだ。

有機農家の中には、ミミズがいるとキャベツのような野菜の中に入ってきてしまい、そのまま出荷すると消費者に嫌われるので邪魔だとか、未熟な堆肥を使うとミミズが増え、それを狙ってモグラがくるので迷惑だといった感想を述べる方もいる。そんな懸念には、自信を持って答えられる――「ご心配なく、耕せばミミズはいなくなります」。少なくとも私たちが普段目にしている野菜や穀類を栽培するような農地の土にはミミズがあまりいない、と思ってよい。

耕すことの弊害

なぜ、土壌生物の存在をこれほど問題にするのか。それは、彼らが土の構造と機能を維持するために欠かせないからだ。逆に、一般に耕耘は土壌劣化につながると考えられている。過度な耕耘は土壌団粒を破壊するためだ。

土壌団粒とは、微小な有機物と粘土鉱物が結合し、さらにこれらが植物や微生物が分泌する多糖類などによって複数結合して大きな粒子になったものである。そのため、塊の中に隙間がたくさんある。多孔質の粒子は、粒子内の狭い隙間に強い力で水分を保持でき、一方で粒子間では水が速やかに移動できる。すなわち、保水性と排水性が両立する。これが土の構造化の一例である。なお、園芸資材として販売されている鹿沼土のような材料も、粒子の中に隙間があるので、自然にできた団粒と同様に、すぐれた保水性と排水性を持つ。

この団粒の形成に、土壌生物が関わっている。繰り返しになるが、ミミズのような動物が落ち葉

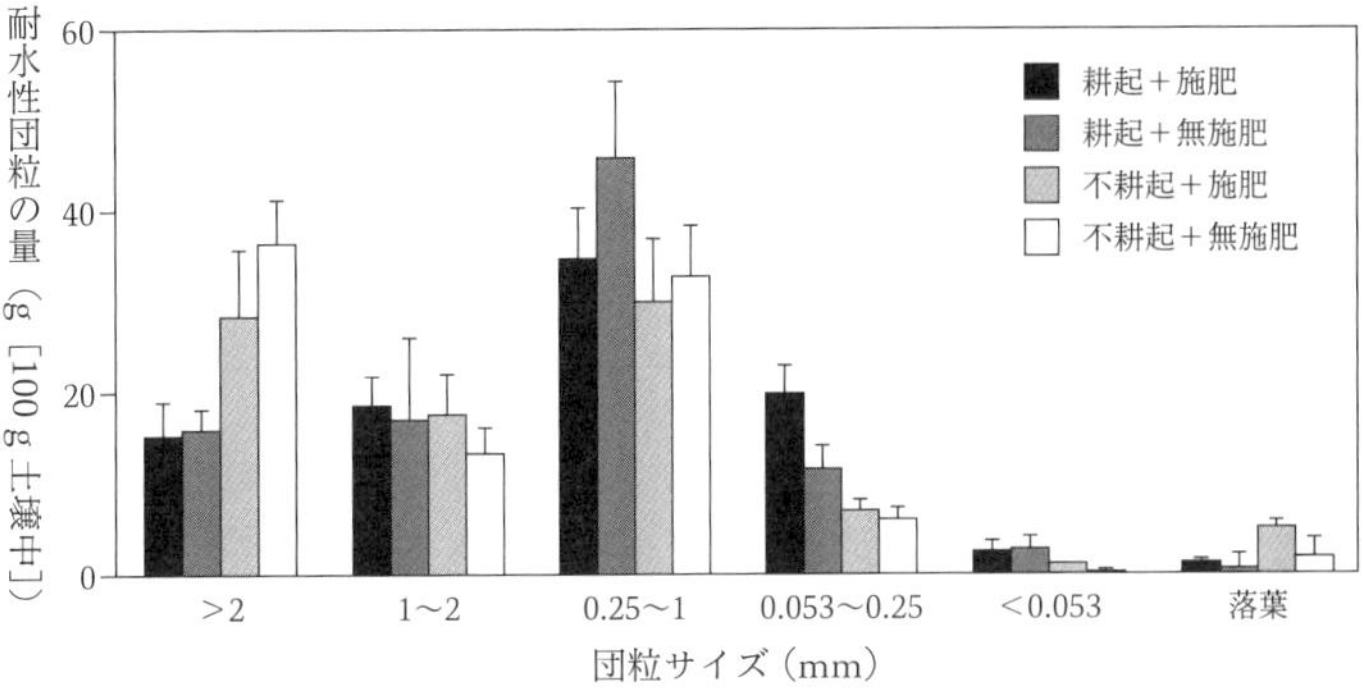

図5－5　横浜国立大学の試験地における耐水性団粒の粒径比較。4つの処理区ごとに平均した［文献（5）を元に作成］

を食べるとき、落ち葉だけでなく土も一緒に食べる。ミミズは歯や骨のような硬い組織を持たないので、落ち葉を粉砕することができない。そのかわり厚い筋肉の塊である砂嚢を持っている。そこで、砂嚢で土の粒子とともに食べた落ち葉を混合することで細かくしているのだ。ミミズの糞はさきほど述べた微小な粘土と有機物の結合に比べるときわめて大きいが、落ち葉と土を混合することで粘土と有機物の結合を促進する。ミミズの糞の中で最初のうちは弱い結合状態にある粘土と有機物が、時間がたつと強く結合するようになる。このような団粒は水に浸しても粒子が壊れることがないので、耐水性団粒と呼ばれる。

　さきほどの横浜国立大学の試験地で耐水性団粒の粒径を耕起区と不耕起区で比較したところ、直径2ミリ以上の粗大団粒と呼ばれる画分が不耕起・草生区で多く、耕起区では少ないことがわかった（**図5－5**）[5]。どうやら0・053〜0・25ミリの画分をミミズが食べて利用し、体を通って糞になると2ミリ以上の大きさの団粒になるようだ。このような団粒組成の違いはミミズの生息数や現存量の違いによるものだ。ミミズは小さな生き物だが、毎日体重とほぼ同じ量の土と落葉を食べ、せっせと糞を排泄している。そのほとんどが耐水性団粒として土壌に集積する。不耕起・草生の地面は、実に3割から4割がミミズ糞起源の団粒であると推測できる。もちろん、時間とともに団粒が崩壊してより細かい土壌粒子に戻るわけだが、一定数のミミズがいることで団粒の割合が維持されていると考えることができる。

トラクターによる農地の耕耘はこのような団粒を物理的に破壊する。団粒が壊れて細かい粒子が多くなった畑地土壌では、雨が降ると表流水とともに土の粒子が流れてしまう（口絵10）。雨が降った後に近所の畑から道路に土が流れ出てくるのを見たことがないだろうか。

多くの農家も、農家ではない人たちも、農業で基本とされている耕耘（耕起）がミミズをはじめとする土壌生物にとって脅威であると知ると驚く。しかし、森林や自然の草原の土のあり方を想像してほしい。自然界の土壌は、農地のように頻繁に耕耘されることはない。土壌生物たちにとって暗くて狭いが快適な土壌環境は、本来は耕耘のような攪乱とは無縁できわめて安定したものなのだ。

農薬と耕耘を使って、土壌を化学的にも物理的にも無生物に近い状態に変えれば、短期的には効率的な農業が可能になる。しかしその一方で、土壌生物が消えることで土を維持するさまざまな循環が途切れる。そして土は、少しずつ劣化し始める。

農薬の化学的影響が広く知られ、有機農業が試みられているが、耕耘も土壌に大きな物理的影響をもたらす。ほとんどの農地で、誰にも顧みられないまま、今もミミズたちは沈黙しているのだ。

第6章　なぜ農業に生物多様性が必要なのか

多様性の危機の時代

福島県内に無肥料、無農薬で栽培を行っている水田がある。私はそこで、2022年からメタンガスの排出量を観測している。観測と言ってもやることは単純で、田んぼに落ちないように組んだ足場から、透明なアクリルでできた箱をイネに被せて、一定時間に田んぼの土から放出されるメタンを真空にした瓶に採取するだけだ。そして瓶を持ち帰り研究室で分析するという作業を、夏の盛りには2週間に一度行っていた。

この無肥料、無農薬の田んぼに行くといつも驚かされる。それは、サギ類の鳥たちの多さだ。周囲の慣行栽培の田んぼに比べると、調査地はいつ行っても明らかにたくさんサギたちがいて、しきりに田んぼで食事をしている。私たちの足場にザリガニの死骸がいつも転がっているところを見ると、足場は格好の食事場所となっているらしい。農薬を使わないことでザリガニをはじめとする水生生物が増え、狩りにやってきたサギたちがここはいいぞと通うようになったのだろう。調査をしていても、夏の間はツバメが飛び交い、トンボやカエルなど生物に満ち溢れているように感じる。

「多様性」という言葉はいろいろな文脈で広く使われるようになった。人の能力や嗜好、あるいは人種や性別といった違いを認め合って平等な社会を築こうという文脈でよく使われるようだ。生物の多様性という意味では、私たちの活動の拡大によって、多くの他の生き物の数を減らしたり、絶滅に追い込んだりしている。そして、生物の絶滅速度は過去の絶滅に比べると格段に速くなってしまった。人の社会の多様性が失われることも問題だが、生物の多様性が失われることも生態系にとって大きな痛手であるし、翻って私たちの暮らしにも悪い影響がある。サギが訪れる水田に行ってみると、その土地の豊かさを感じる。そしてそれだけでなく、生物多様性が高いことは農業に恩恵があるのである。

農業と生物多様性

「生物多様性」は生態学の重要な概念の一つだ。地球の生命史を紐とくと、生物は共通の祖先から異なる種に分化することを繰り返して、現在見られるような数百万もの多様な種に分化し、共存している。それは、ＲＮＡとＤＮＡを使って遺伝情報を保存し、次の世代に伝えるしくみがすべての生物に共通していることからも明らかである。しかし現在、残念なことに、人間活動の拡大によって多くの種が絶滅しつつあり、人間が生物多様性を低下させている時代となっている。

農地以外の話ではあるが、私は先輩の研究者から「昔は野外調査に行くともっと虫がたくさんいた」とよく聞かされていた。『沈黙の春』以降、より毒性が低く残留性のない農薬が開発され、使われるようになっていたので、農薬が農地以外の虫に与える影響も低下したのだろうと思っていた。しかし、地球全体で昆虫の多様性や個体数が減少しているとする研究がつぎつぎと発表されるようになってきた。[1][2] 昆虫の減少の原因として挙げられているのは気候変動や森林減少だが、農薬の影響も重視されている。

農業と生物多様性は相容れないことが多い。殺虫剤は文字通り昆虫やダニ類を殺すための農薬であり、農地では害虫を殺すために散布される。もちろん、害虫以外の昆虫も影響を受け、個体数が極端に減ってしまう。また、殺菌剤や除草剤も農地では多用される。当然、農薬は土壌生物にも影響する。しかし、農業の現場では微生物による害や病気を防ぐ効果が優先され、作物に有害ではない非標的の生物への影響はあまり考慮されてこなかった。

これらの農薬は環境を長期間にわたり汚染する。農薬を使用する慣行栽培から使用しない有機栽培に移行した後も、土壌には何年もそれまでに散布された農薬の一部が残留していて、時間が経つにつれ徐々に減少していく（図6−1上）[3]。20年以上経過しても、慣行栽培で検出された農薬の3分の1の種類の農薬が平均して検出される。そして、残留農薬の種類が多いほど、土壌微生物の量を示すバイオマス量が少なく、かつ植物の根に共生する内生菌根菌の感染率が低いのだ（図6−1下二つのグラフ）。慣行栽培から有機栽培に移行しても最初はあまり収穫量が伸びないと言われるが、

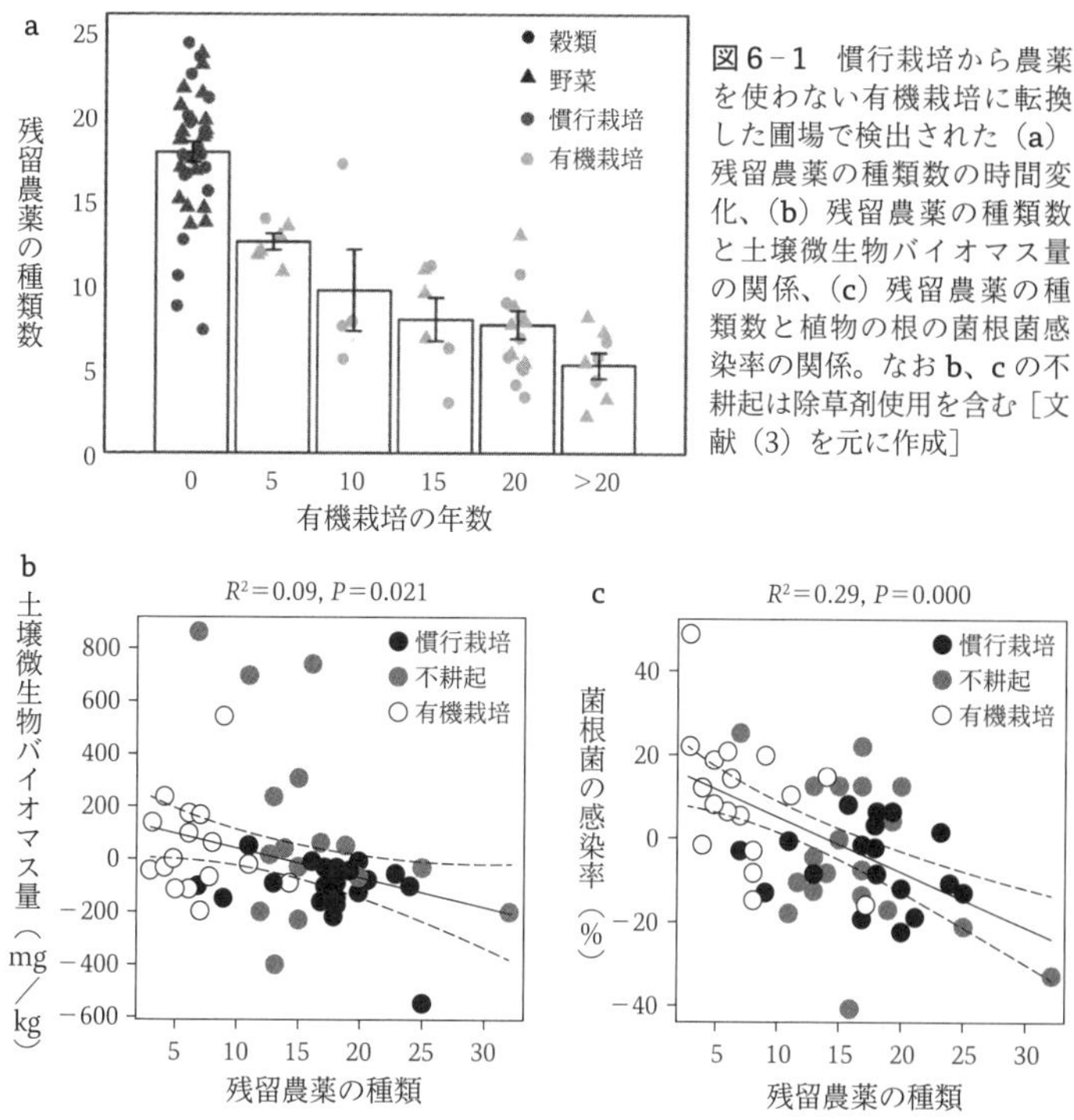

図6－1 慣行栽培から農薬を使わない有機栽培に転換した圃場で検出された（a）残留農薬の種類数の時間変化、（b）残留農薬の種類数と土壌微生物バイオマス量の関係、（c）残留農薬の種類数と植物の根の菌根菌感染率の関係。なお **b**、**c** の不耕起は除草剤使用を含む［文献（3）を元に作成］

それは栽培技術の難しさというよりは、共生微生物の働きが弱いことに原因があるのかもしれない。

農地では、農薬によって昆虫が棲みにくくなると、餌となる昆虫が減ってそれを食べる鳥たちもやってこなくなる。農薬による生物多様性の低下は見て取りやすい。でも、農薬以外の、生物の生死に関係なさそうな農業の手法も、間接的に生物多様性に影響を与えている。

そもそも、植物の多様性という視点に立つと、まわりの草原や森林に比べて農地では極端に多様性が低い。農家にとっては作物だけが育てばよく、雑草はなるべく生えてほしくないからだ。植物の種類が少なくなると、農薬を使わなくても、それだけで昆虫や微生物の種数が減る。昆虫のような従属栄養生物にとって、独立栄養生物である植物の存在は必須である。さらに、アゲハチョウの幼虫がミカン科の植物の葉だけを食べるように、ある動物が特定の植物を専門に食べる場合がある。特定の植物をとりまく生物はその葉を食べる植食者だけではない。病原菌や寄生菌、共生菌などの微生物もいる。植食者に寄生する無脊椎動物も、その植物が生えていないと生活できない。そのため、生えている植物が1種類増えるとそれに関連する複数の従属栄養生物（微生物、無脊椎動物）が新たに生活できるようになると考えられる。その一部はその植物がいなければ生活できない専門家である。このように考えると、1種類の作物だけが整然と生えている農地は、植物の多様性が低く、その結果、他の生物たちの多様性も低いということになる。雑草を嫌う農家の栽培が、農地の生物多様性を結果的に低くしているのである。

作物以外の「雑草」を殺す除草剤は、土にも影響を及ぼす。除草剤によって雑草が消え、地面が見えるようになると、光合成で生産される一定面積当たりの有機物が減るので、結果として分解系を構成する生物の餌が減る。また、地面に落ち葉がないために、生息環境が悪化する。地面に直接日光が当たることで、土の表層が乾燥しやすくなり、そのため土壌生物が減少する。雑草であれ、落ち葉であれ、何かが覆っている地面は、裸の地面に比べていつも湿っている。化学肥料は水溶性なので、農地に撒かれた後に雨が降ると水に溶け、土壌水中の浸透圧を大きく変える。水に体を浸して暮らしている細菌やアーキア、そして小型の土壌動物である原生生物やセンチュウといった生物にはとても大きなストレスとなる。農地の生物多様性に関しては、トンボやカエル、鳥類などの減少が議論されてきたが、耕耘、裸地化に加え薬剤や化学肥料が散布されることで、農地は土壌生物にとってもとても棲みづらい環境になっているのである。

地球全体で土壌の環境が急速に変わっている。2016年に作成したグローバル土壌生物多様性アトラス[4]では、植物の多様性喪失地図、窒素肥料地図、農地利用面積割合、家畜密度、火災リスク地図、土壌侵食、土地劣化、気候変動の情報を地図上で統合し、土壌保全の多様性の変化状況を可視化した（**口絵11**）。これを見ると、人口の多い地域とアメリカの大平原やブラジル、アルゼンチン、ウクライナやロシア南部、中国東北部といった大規模農業地帯も危機的状況にあることがわかる。身の回りの昆虫が減ったと心配している隙に、足元の生物はもっと減っていたというわけだ。

生物多様性と生態系の安定性

そもそもなぜ、生物多様性が低いことは問題なのだろうか。絶滅種が増えることや豊かな景観が失われることなど、さまざまな悪影響があるが、農業の観点で言えば、それは生物多様性が高いほど生態系の安定性が高いからである。これは物理学的なモデルから考えると不思議な現象だ。数理モデルでは構成要素が多くなると系が不安定になるからである。一方、私たちの身の回りの生態系は、経験的に多様性が高いほど安定している。

農地はこの経験則を理解するのにうってつけである。一般に農地は周囲の土地よりも生物多様性が低く、そのため安定性が低い。そして、生態系の安定性を観測するのは難しいことが多いが、農地の場合は理解しやすい。農地の安定性の低さは、常に病害虫が発生したり、毎年の天候の影響を受けて豊作になったり凶作になったりすることに表れるからだ。病害虫には薬剤を使わないとその発生を制御できない。そして、薬剤を使っていても、農地のほうが病害虫の個体数の変化がむしろ激しく、被害が明らかになる個体数レベルを上回ることがよくある。つまり、病害虫がひっきりなしに「大発生」しているように見えるのである。

一方、人がほとんど管理をしない森林のようなシステムでは、たとえば樹木の葉を食べる食葉性昆虫(マイマイガという蛾が有名である)が「大発生」することはきわめて稀で、食葉性昆虫を防除するために森林に農薬を散布するという対策もとられない。食葉性昆虫が発生しても、森林ではやがて個体数が減少するため、森林の葉が食べ尽くされて樹木が枯れることはない。

このように言うと、松食い虫(松枯れ病)の被害で日本の松林が壊滅したではないかと言われるかもしれない。松枯れ病を引き起こしたのはマツノザイセンチュウという樹木に寄生するセンチュウである。このセンチュウが、罹患した木から健全な木にマツノマダラカミキリとともに移動することで感染が広がった。このセンチュウは日本にもともといた種ではなく、北米から侵入した外来種である。日本のマツはマツノザイセンチュウに抵抗性がないので、松枯れが広範囲に広がったのだ。このような例は世界的にも稀である。

一方、農地では特定の病害虫の「大発生」が毎年のように起きており、多量の農薬を散布している。それによりさまざまな微生物や無脊椎動物が影響を受け、農地における生物多様性と個体数が減少している。減少する生物には病害虫の天敵として機能する生物も含まれる。天敵がいなくなることによって病害虫を減らす要因の一つがなくなる結果、ますます病害虫が大発生しやすい状態になるという悪循環に陥っているのである。皮肉なことに農地というシステムは、生物多様性が低いと生態系が不安定になることを眼にするよい教材となっている。

多様性と安定性に関する野外実験

生態系を構成する生物の種が多様であるほど、本当に生態系が安定するのか。これについて調べるため、大規模な野外実験が世界各地で行われてきた[5]。草原を構成する植物の種多様性を1種から16種くらいまで操作し、種の数と生態系のさまざまなパラメータとの間にどのような関係があるのかを見てみると、生物多様性の重要性がよくわかる。

草原を構成する種の数が増えると、群落全体での光合成量が増加する。その理由は、葉の形や高さが種ごとに違ったり、根の形や深さが違ったりすることにより、1種類の植物からなる群落よりも、太陽光や栄養塩、そして土壌水などの利用効率がよくなるためだ。これを「相補性が高まる」という。また、種の数を増やしていくと、その中にマメ科植物のように窒素固定という他の植物にはできない機能を持つ種が入る確率が高くなる（サンプリング効果）。群落の植物種を増やしていくと、他にも種数に比例した変化がある。食葉性昆虫の数はあまり変化がないが、クモのような天敵の種や個体数が増える、土壌中の有機物量が増えるなどといった変化が起きる。面白いことに、これらの傾向は実験を長く継続するほど顕著になり、植物種が多いほど、翌年の一次生産の安定性が増していく。

雑草を農地の一員にする

この実験の農業に対する教訓は明白である。一般に、現代の農業では1種類の作物を丁寧に育てることを基本としている。しかも、雑草をとにかく排除しようとする。その結果、植物の多様性は低くなり、病害虫の変動が増し、土壌の有機物は増えず、システムがより不安定になり、なんと面積当たりの一次生産が低くなるのだ。それほどまでに嫌われている雑草を植物の生物多様性のメンバーとして考えるなら、雑草の生えている畑は、作物と雑草を合わせた一次生産量が作物のみの畑より多くなる。雑草を抜いて畑の外に捨てる人が多いけれど、もし雑草を畑の中で利用すれば、太陽の恵みをもっとたくさん分けてもらえるのに、残念なことだ。

ただし、除草をしない場合は確かに全体の一次生産は高くなるのだが、雑草と作物が栄養塩や太陽光を取り合うため、作物に限れば成長が悪くなりがちである。このことと、次に挙げていく数々のメリットの間でバランスを取るにはどうすればいいのか。あるいは、「いいとこ取り」をすることはできないのか。自然農の農家や私たちの実験農場では、その模索を続けている。

雑草を農地のメンバーとして考えると他にも都合のよいことがおこる。一次生産で合成された有機物の半分くらいは、植物の体を作るのではなく、根から土壌に糖類のような形で分泌されている。その量は、光合成で固定した有機物のうち、作物では7%、草原では11%にものぼると推定されている。[6] 捨てられた有機物は根のまわりの微生物に食べられ、微生物が増える。微生物たちは植物にできない数々のことをやってくれる。たとえば、分解酵素を分泌して土の中の枯死した有機物の分解を促進したり、鉱物の風化を促進して鉱物に含まれるカルシウムやカリウムのような栄養塩類を植物に利用可能な形に変換したり、微生物にしか合成できない物質を作って植物に分けてくれたりしている。植物は根から出した有機物で根圏特有の微生物相を作って栄養塩などを獲得する一方、植物病原菌から自らを守っている。[7]

光合成で作った有機物はいわばエネルギーのかたまりであり、光の届かない土の中では重要なエネルギー源だ。雑草といえども、根から有機物を分泌してくれることにはかわりがない。除草をしないと作物の成長が悪くなることは事実だが、必要以上に除草をしていないだろうか？　作物の邪魔にならない程度の雑草なら、共存させるだけで土の中の状態がよくなる。これは回り回って作物にもよい影響がある。

雑草を無理やり農地の仲間にしなくても、2種類以上の作物を一緒に育てる混植という方法もある。たとえば、熱帯地方で環境保全に役立つとされているアグロフォレストリーは、熱帯本来の植生である樹木の下、半日陰で生育できるコショウ、コーヒー、カカオといった作物を育てる方法である。コーヒーはシェード（日陰）コーヒーとも呼ばれている。樹木をすべて伐り倒した跡地にコーヒーだけを植えるほうが、農作業が捗り、日当たりもよいのでコーヒーの生産量が増えるように思えるかもしれない。しかしコーヒーはもともと低木で日陰に生える樹木である。さらに、森林状態にするほうが森林に棲む訪花性昆虫が増えてコーヒーの受粉を助けてくれるという効果もある。

一般に、現代の農地では1種類の作物を大面積で作ることで、作業効率を上げようとしてきた。一方、畑地の混作の例には、トウモロコシの根元でカボチャや豆類を一緒に育てるメキシコのミルパのような伝統的農法もある。表面的・短期的な効率を上げることを目標に開発されてきた近代農法に、生態学の視点から、伝統的な知恵を新たな形で復活させる必要がある。

分解系の生物多様性

すでに落ち葉の分解のところ（第4章）で述べたように、落ち葉の多様性も生態系に一定の相乗効果がある。すなわち、1種類の落ち葉だけの地面より、いろんな種の落ち葉があるほうが土壌生物が多様になる場合がある。また、落葉する時期が1年に一度で一斉に落ちるのではなく、異なる時期に何度も落ちるほうが、地面で待っている生物たちにとっては利用しやすいだろう。

落ち葉を食べる大型土壌動物の種類を増やしてみるとどうなるだろうか。(8) ミミズ、ハエの幼虫、ヤスデはいずれも落ち葉を食べる。それぞれ1種に食べさせる場合と、合計の体重を一定にして2種、3種と動物の種類数を増やす場合では、1種の場合に比べて分解速度が飛躍的に速くなる（図

6−2）。これは3種の餌の好みが違ったり、糞として排出された時の有機物の大きさや状態が異なるさまざまな糞が排出されるためである。落ち葉を分解する微生物が異なる糞を利用することで相乗的に活動が盛んになるというわけだ。

効率化、大規模化、機械化の行き詰まり

現在の農地では、トラクターと化学合成農薬、化学肥料によって土の生態系が大きなストレスを受けるため、土の中の生物多様性はとても低い。

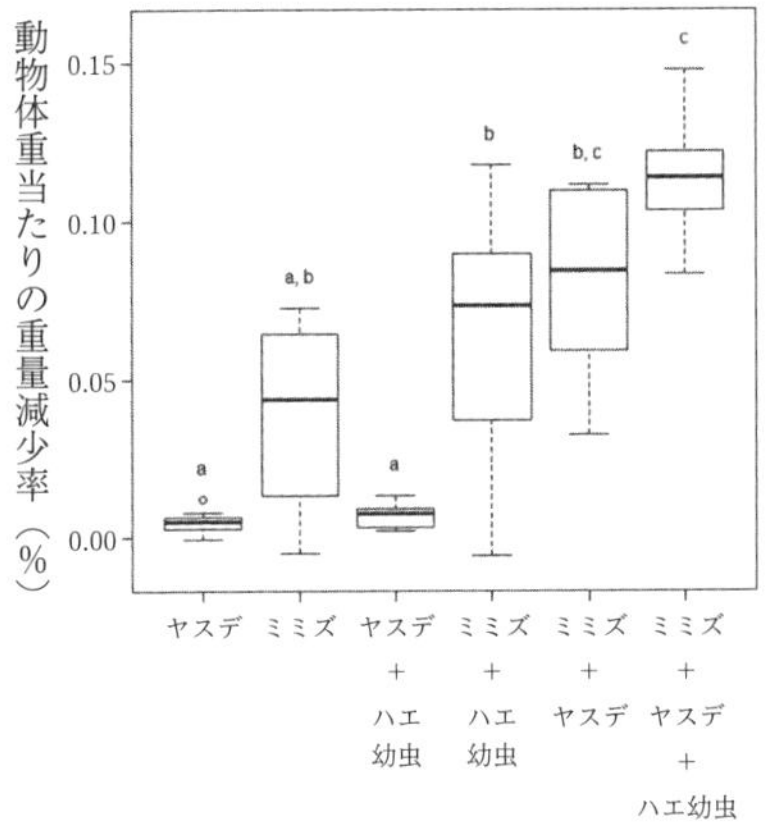

図6−2　大型土壌動物の種数と分解速度。ヤスデやハエの幼虫に比べミミズの分解能力が高い。また、同重量で2種、3種が共存していると、いずれか単独種の場合よりも分解速度が上がる［文献（8）を元に作成］

作物の種類を増やすとそれに依存する生物の種類も増える。混植の利点は明らかだが、残念ながら、農業で混作がほとんど行われない理由もまた明白である。同じ場所に異なる作物を植えると一斉に収穫できないからだ。たとえば異なる品種のイネを一緒に栽培すると、これまでの説明からわかるように、収穫量は1種類ずつ栽培する場合よりも多くなる。でもそのような栽培が広まらないのは、たとえば異なる品種のイネを混ぜて栽培すると品

種ごとに収穫時期が異なるし、味の異なる米が混ざったら食べにくいからだ。

農業の効率化は農地内の植物の多様性をなるべく低くする方向に進んできた。同時に土の中の生物多様性も激減した。植物の種数が少ないと根圏に共生する微生物の種類が少なくなるし、落ち葉として土に供給される有機物の種類や量が減少することで土壌動物の種数も減少する。さらに、トラクターで耕耘し、つねに地面を裸出させる農地の管理は徹底的に土壌生物の多様性を減少させたのだ。

かくして、農業は1種類の作物をなるべく広い面積に一斉に栽培するという、大型化、機械化の方向に技術革新が進められた。トラクターはどんどん大型化し、日本では想像もつかないような巨大なものが登場している。おもしろいことに、現在もっとも大きなトラクターはかつて陸上に存在した史上最大の恐竜の体重と同じレベルに達しているらしい[9]。恐竜はすでに絶滅して、この地球に存在しない。大型トラクターを駆使する農業が絶滅する日は来るのだろうか。きっと、その時残されているのは、トラクターのない時代にただ立ち帰る農業ではない。生物多様性を重視する農業、その土地の生態系に対し低侵襲な、循環を絶たない新しい農業なのではないだろうか。

第7章　数百万年の土壌劣化、百年の土壌劣化

奥出雲の焼畑実験

島根大学に勤務していた時、当時の農学部長だった北川泉先生が森林を伐採した跡地で焼畑をしようと言い出した。森林組合と協力して赤カブを作り、赤カブ漬にして販売しようという計画である。当時はすでに行われなくなっていたが、島根県では木を植える前の林地を整備するために、伐採時に残された枝や葉を燃やす「火入れ地ごしらえ」という手法があり、火入れをしてからマツを植えていたらしい。このプランに私たちは土壌の窒素動態を調べる目的で参加した(1)。

島根県の山間地にあたる奥出雲は、中世、特に江戸時代に製鉄が盛んな地域であった。砂鉄を含む花崗岩が広く分布しており、広大な森林資源にも恵まれていた。そのためこの地域では、古くから集めた砂鉄を大量の炭を使って溶かし、良質の鋼を得る「たたら製鉄」が行われてきた。現在も日本刀の材料にする鋼は島根県仁多郡奥出雲町の日刀保たたらで製造されている。

たたら製鉄では、必要な砂鉄を得るために、まず風化した花崗岩を砕き、大量の水とともに水路に流し、岩石と砂鉄の比重の違いを使って水選する。「鉄穴《かんな》ながし」と呼ばれるこの方法は、山を崩し川に流すため、地形が大きく改変される。現在は鉄穴ながしは行われていないが、かつて操業に使われた場所が棚田となって利用されている。たたら製鉄は、明治期から導入された近代的な製鉄法の普及により大正時代には終わりを迎え、この地域は製炭を生業とするように変化した。さらに製炭も、1960年代の燃料革命で山村でも薪や炭ではなくプロパンガスや灯油を燃料に使うようになり、衰退した。

たたら製鉄に燃料を供給してきた森林はコナラやミズナラを主とする落葉広葉樹林である。これらの樹種は伐採された後、切り株からひこばえが生えるので、苗木を植えなくても元の広葉樹林が再生する。燃料革命の後は、県の造林公社を主体として、用材のためのスギ、ヒノキや、パルプ原料にするためのマツ類が植林されてきた。

火入れを行った1998年の夏は雨が少なく、森は乾燥していた。この年の春に伐採された場所を調査地とし、消防署の指導でビニールシートを敷いた穴に水を貯めて防火池を作り、朝早くから火をつけた。あいにく私は海外調査のため参加できなかったが、よく焼けたらしく、焼けすぎてとなりの森林もちょっと焦がしてしまった。それも想定外だったが、よく焼けたこと自体も実は想定外であった。地面に灰しか残らないくらいまで焼けてしまったのだ。調査を始める前にまず既往の文献を集めて勉強したのだが、そこでは、焼畑は地表面の有機物が軽く焼けるように火を入れるべ

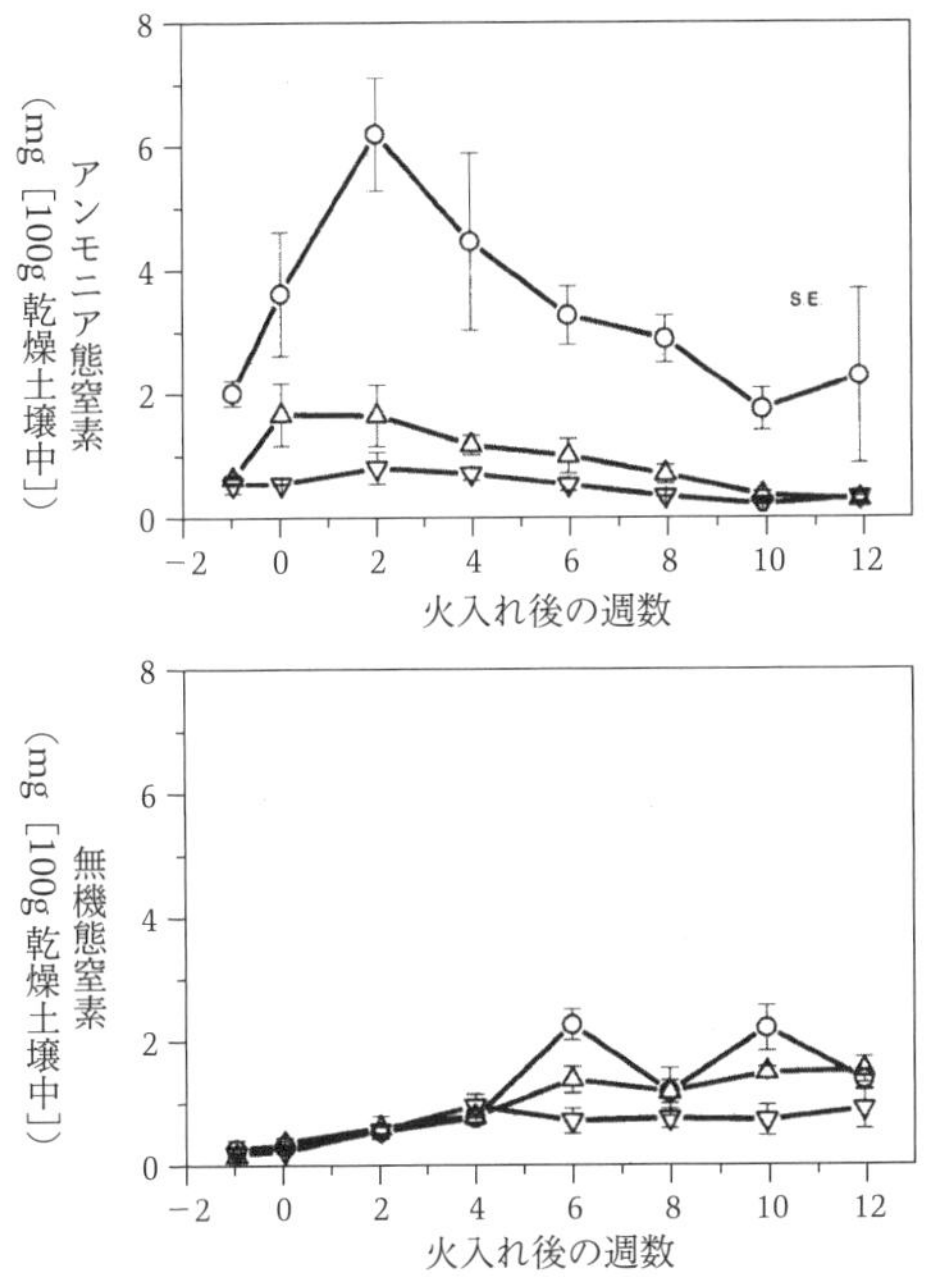

図7－1　島根県仁多郡仁多町（現在、奥出雲町）の伐採・火入れによる土壌の無機態窒素の変化。火入れによりアンモニア態窒素が生成されるが、硝酸態窒素への変化は徐々にしか起こらない。硝酸態窒素は雨水で容易に土壌から流出（溶脱）するが、アンモニア態窒素は土壌に保持されるので、土壌から失われず、急速に回復する植物に利用される［文献（2）を元に作成］

きで、決して焼きすぎてはいけないとされていたのである。

これは実験としては失敗かと思われた。しかし、花崗岩質でまるでグラウンドの砂のような地面は、やがて藍藻がクラスト（固くて薄い層）を形成して一面を覆い、1年間は地表面の侵食がほとんど観察されず、雨が降っても土砂の流出が防がれていた。また、焼かれた影響で、土の中では大量にアンモニア態の窒素が生成し、急速な植生の回復を助けた（**図7－1**）[2]。多くの切り株は火によって枯れることなくひこばえから再生し、1年で地面が見えなくなるくらいまで植生が回復した。やがて、斜面

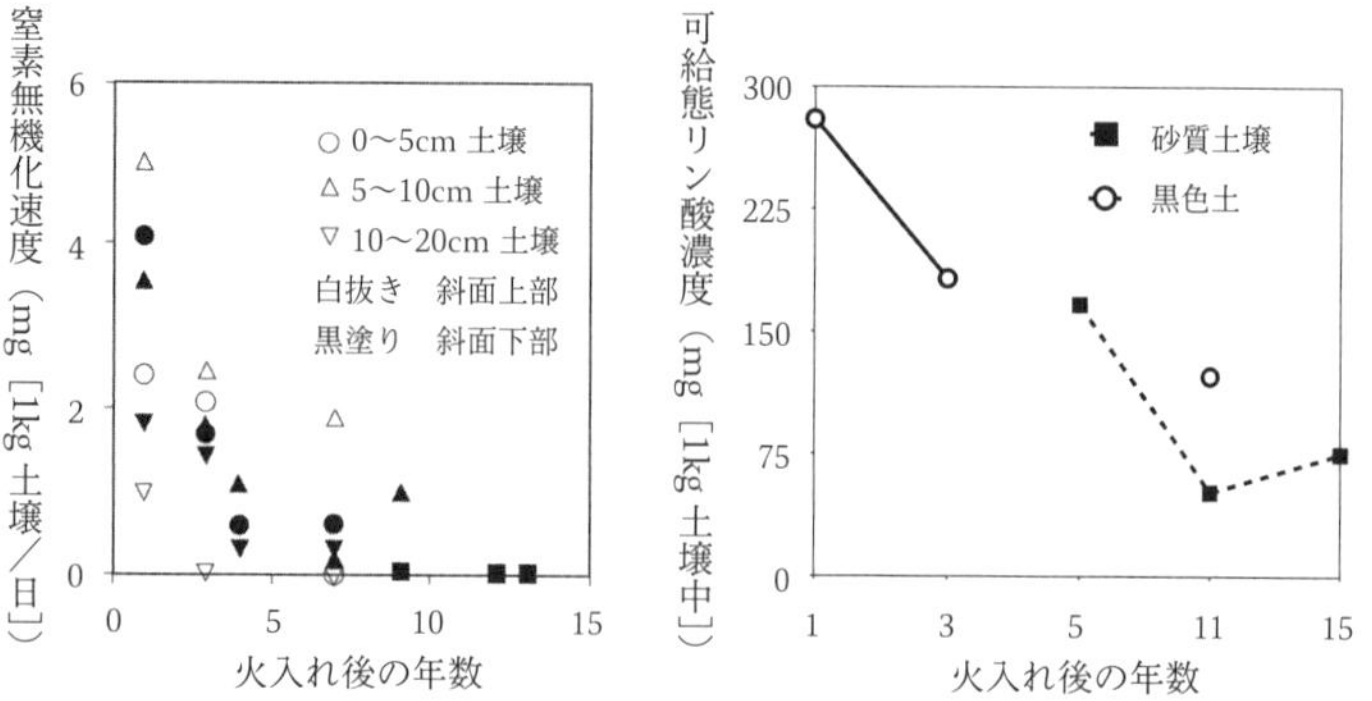

図7－2　左は火入れからの経過年数と土壌窒素無機化速度の関係。時間経過とともに窒素の無機化ポテンシャルは低下する。右は火入れからの経過年数と可給態リン酸濃度の関係。火入れによる土壌炭素量の変動は少なく、一方でグラフのように窒素とリンの利用可能性が高まった。その結果、数年間は雑穀栽培が可能だった［左図は文献（3）、右図は（4）を元に作成］

の下部のほうではアンモニア態窒素が硝酸態窒素に変化し、後者のほうが多くなった。硝酸態窒素も植物が利用できる窒素であり、カブはこれらの窒素源を吸収して無肥料でもよく育った。

この奥出雲での焼畑の研究はその後も島根大学のチームによって続けられている。それによれば、窒素以外に植物の生育に重要な成分であるリン酸も、焼くことによって数年間は高い濃度を示すことがわかっている[3][4]。

焼くという行為は土壌をひどく劣化させるように思えるかもしれない。しかし、奥出雲の例では焼くことで窒素やリン酸といった、現在では化学肥料で補っている生元素の利用可能性が上がり、短期間ではあるが無肥料で作物の栽培が可能であった（**図7－2**）。また、火入れ後の樹木の再生も盛んであり、焼かなかったところより成長が劣るということもなかった。

伝統的な焼畑移動耕作

日本も含めて、世界中で人は森林を切り開き、残渣を焼き、作物を作ってきた。チェーンソーで簡単に大木を倒すようになる前の世界の、いわゆる伝統的な焼畑は、自然と共存的に行われてきた。火入れをしたところで栽培を行い、やがて地力が落ちると住居ごと移動する。以前の火入れから放置され、時間が経って十分に育った森林をふたたび伐採して焼くという作業を繰り返すので、焼畑移動耕作と呼ばれる。

焼畑の環境への影響を考えるときには、どれくらいの期間を置いてからふたたび焼くかが重要である。現在問題となっている熱帯での焼畑は、この間隔が短い。一方、伝統的な焼畑では長い周期で利用されていた。そのためには、地域の人口密度が低くなくてはならない。

焼畑はあまり評判がよくない。熱帯林は近年急速にその面積を減少させているが、その原因は森林伐採に続いてその跡地が農地や放牧地に転用されることにある。農地転用の際には、伐採跡地に火入れをすることが多く、火が消えた後に耕さず種子だけを蒔くことで穀類や豆類の栽培が可能である。このような土地利用はそれほど計画的ではなく、木材を利用するために伐採された跡地が不法に占拠され、火が入ることが多い。現地では、火入れをして栽培を始めればその土地は栽培をしている農民のもの、という考え方もあるという。

森林伐採後には、持ち出されなかった枝や葉がその場に多く残されており、それが燃えると植物に含まれていた生元素が土に供給されるので、一時的に肥沃になる。そのため、種子だけを蒔いても数年間は栽培ができるというわけだ。このような粗放的な利用の場合、数年すると農地が放棄されるが、前回の火入れから次の火入れまでの間隔が短いと、放棄後の森林の回復はうまく進まない。放棄した農民はまた新たな伐採跡地に火を入れることになり、火入れの間隔はどんどん短くなる。現在熱帯林で行われているこのような焼畑は森林保全にとってはよくない。焼畑が悪者視されるのはよくわかる。

かつて焼畑が盛んであった岩手県北上山地で土を調べたことがある。北上山地から太平洋に流れる閉伊川の上流では、戦後までほとんど水田耕作が行われず、明治の頃には常畑（常に耕す畑）と焼畑の面積が半々くらいの村もあった。調査地の周囲で古老に話を聞き、焼畑をやったという場所と、焼いていないという場所を教えていただき、実際に土を採取してみた。焼畑をすると炭ができて、土の中に長い時間残っている。過去に焼畑が行われていた場所では明らかに土の中の炭が多く、古老の話による土地利用と土から得られたデータが一致した。調査地では移動耕作ではなく、住居は固定で、住居の周りに常畑がある。ただしその一方で、集落の周辺の広大な森林のうち傾斜の緩やかなところを選んで焼畑もしていた。20年から30年という周期で山を伐採し、焼いて雑穀を作ってきたのだ。現在の森林のサイズを指標にして土の回復状況を比較すると、植物の生育に必要な窒素は年数が経過するにつれて増加していた。焼いた後、窒素固定をする樹木であるハンノキをわざわざ植えることもあったそうだ。それでも地力の維持が難しかったので、なんと北上山地では焼畑をしたところまで下肥を運んで肥料としていたという。世界的に珍しいことだと思う。粒の小さなヒエの種子を下肥と一緒に播種するための柄杓が使われていた。数十年後に戻ってくることを見越して、畑として使用した後に手入れをすれば、同じ地域で持続可能な焼畑を行うこともできるのである。なお今も、日本の数ヶ所で焼畑が行われている。

地学的な土壌劣化、古代文明の土壌文化

長い間安定した大陸であったアフリカやオーストラリアでは、生元素の少ない古い土が広く分布している。土が古くなると、植物の生長を十分に支えることができなくなる。

一方ハワイ諸島は、新しい土が生成されつつある場所である。マグマが噴出するホットスポットの上に火山島ができ、地殻とともに島が長い時間をかけて移動すると、ホットスポットの上に新たな火山島ができることが繰り返され、島々が線上に並んでいる。そのため、ハワイ諸島のうち、ホットスポットから遠い北西の島ほどできた年代が古く、もっとも南東に位置するハワイ島が現在も噴火により面積を広げている。ハワイ諸島は近くに大陸がないので、別の地域からの風成塵の影響もほとんど受けない。できたばかりの島からもっとも古い島まで、およそ300万年の年代の違いがあり、熱帯気候下にあって風化速度が速い。そのため、土ができてから年を経ると陸上生態系が土の変化の影響をどのように受けるかがよくわかる場所となっている(5)。

できたばかりの島では、土に窒素が少なく、リン酸が豊富である。やがて降水や生物による窒素

固定の影響で、土と植物が保持する窒素が増加していく。一方、リン酸は植物に利用されるが、一部は鉱物となって植物が利用できない形に変化していく。したがって土と植物が保持するリン酸の量は時間が経つほど減少する。300万年の時間スケールの中で裸地から森林が形成されるが、もっとも樹木のサイズが大きいのは島の誕生から100万年程度の頃であり、そこから衰退が始まる。肥料を補給できない自然の生態系では、必須元素が不足すると植物は成長できなくなっていく。

この研究からわかることは、アフリカやオーストラリアの一部は、大陸としての歴史が非常に長いので、風化が極度に進み、植物が利用できる生元素（とくにリン）の割合が少ないということである。さらに、生元素を土の中で保持してくれる粘土鉱物も時間が経つと保持力の小さい粘土に変化する。したがって、肥沃度が落ちるだけではなく、肥料の保持力が低くなっている。土の持つ機能が落ちているのだ。

このような、数百万年という長い時間をかけて起きる地学的な土壌劣化とは別に、現在急速に進行している土壌劣化がある。主に農業を原因とする土壌劣化である。有機物も、土の中の粘土と同様に生元素を保持する機能を持つ。耕耘や過剰な施肥によって、土の中の有機物含有率が低下すると、生元素を保持する能力が低下する。また、塩分を含む灌漑を乾燥気候で行うと塩類化が生じ、大量の淡水で洗い流さないと農地として利用できなくなる。さらに、トラクターが農地を何度も走ると、土が圧密され、排水が悪くなる。農薬や重金属の汚染も土壌劣化の要因となる。

1960～1970年代に行われた農業改革、いわゆる「緑の革命」で開発された、トラクター、化学肥料、化学合成農薬、灌漑などの技術は、その使い方を間違うと土壌劣化を引き起こす。国連食糧農業機関（ＦＡＯ）の統計では世界の農地の３分の１は、すでに劣化しているという[6]。

ジャレド・ダイアモンドの『文明崩壊[7]』やデイビッド・モントゴメリーの『土の文明史[8]』では、農地土壌の劣化が原因で古代文明の多くが崩壊したとされている。ギリシャやローマの文明が崩壊するとき、周辺の対抗勢力の侵入や伝染病、あるいは労働力としての奴隷の確保などが要因となったと言われるが、農地の土壌が劣化し、食料生産量が維持できなくなったことも、多くの文明崩壊に共通している。現代の農業と違って、トラクターで土を耕すことも、農薬や化学肥料を使うこともなかった時代に生じた土壌劣化は、おそらくきわめてゆっくり進行したのだろう。人力や畜力のみに頼るとはいえ、土を耕し、有機物を農地から収奪することは、土壌生物の生息環境を壊し、数量を低下させる。すると、土壌が雨や風で侵食される。数世代の農家の感覚ではそれほど変わらない生産力が長期にわたってゆっくりと低下していくとしたら、人には感知できない。しかし、今起きている変化は、十分に感知できる速度のはずだ。

環境再生型農業への注目

近代農法によって土が急速に劣化し、環境や人の健康に負の影響があり、さらには農業が気候変動の原因である温室効果ガスの排出源であると認識されるようになった。それに対して、不耕起栽培やカバークロップを導入すると、土が健康になり、土に有機物の形で大気中の二酸化炭素を貯留

表7－1　さまざまな農法の特徴［文献（9）を元に作成］

慣行農法	環境再生型農法	有機農法	環境再生型有機農法
一般的に、慣行農法は作物を育てるために、農薬や除草剤、化学肥料などの化学的な介入と、遺伝子組換え作物に頼っている	環境再生型農法は土壌を豊かにすることを目指しているが、慣行農法における農薬や除草剤、化学肥料、遺伝子組換え作物の使用を禁止する基準を持っていない	有機農法は、健全な土壌を構築することを優先しているため、化学的な介入手段や遺伝子組換え作物を使用しない。その代わりに、健康な土壌を育てるために堆肥などの自然素材の使用に頼る	環境再生型有機農法は、有機農法に根ざしている。この農法は、土壌に炭素を固定し、家畜の福祉と農家や労働者の公平性を優先するため、高い土地管理基準を遵守している
［主な手法・方針］ 農薬、除草剤、化学肥料、遺伝子組換え作物を使用		［主な手法・方針］ 堆肥、輪作、カバークロップを使用。遺伝子組換え作物は不使用	

できる（炭素隔離）ことから、土を再生する環境再生型農業（Regenerative agriculture）を採用しようという動きが広がっている（**表7－1**）[9]。

Regenerativeという言葉は、土が元来持っていた機能を回復させようという意味合いが強い。工業分野では規模の拡大と均一化の追求が効率化につながったが、その考え方を農業に適用した結果、土壌劣化が進行するとともに環境負荷が大きくなった。環境再生型農業は近代農法の批判であるとともに、工業化社会への批判でもある。

多くの古代文明が長い時間をかけて徐々に土壌劣化を引き起こし、そのことに気がつかないまま崩壊していった。現代もまた、温室効果ガス、特に二酸化炭素濃度の上昇が続くと予測され、気候変動が憂慮すべきレベルと速さで生じる可能性が高いと警告されている以上、私たちの生活のすべてを点検し、改善しなければならない。農業もその例外ではない。では、「環境再生型農業」とはどんなものなのだろうか。

アメリカでは、トラクターの導入により東部から西に向かって森林や自然草原が農地に転換され、大型農業が発展した。1930年代には表土が雨で流されたり、乾燥して風で飛ばされたりといった現象（ダストボール）が広い範囲で起き、森林や草原だった頃に形成された肥沃な土が大量に失われた。そこで、1933年に米農務省に土壌保全局（Soil Erosion Service）が開設され、土壌侵食の防止策が講じられるようになった。雨による流亡を防ぐために等高線ぞいにトラクターを走らせたり、毎年作付をするのではなく、休耕する年をはさんで土地を休ませたりといった方法がとられてきた。

それでは、環境再生型農業は土壌劣化を防ぐことができるのだろうか？　残念ながら現在、環境再生型農業というと「除草剤を使う不耕起栽培」を指すことが多い。アメリカのほとんどの不耕起栽培は、基本的には除草剤を使うことで、大面積を機械化して管理しているのである。不耕起にすることで急速な土壌劣化を防ぎたいが、農作物のみに栄養を与えたいので雑草は排除するという方法である。残念ながら、この方法では土壌劣化を完全に防ぐことはできない。

除草剤は農家から除草の苦労を一掃したが、土の生物にはやはりよい影響は与えない。たとえ不耕起による管理を維持しても、除草剤を使うと、地表面が裸になり土が見えるようになって、土壌侵食が生じる。この問題に対して環境再生型有機農業（Regenerative organic agriculture）という農法も提案されている。不耕起で除草剤も使用しない農業である。この環境再生型有機農業については、10章で他の農法と比較することにしよう。

日本の土壌は劣化しているか？

日本は、世界的に見ると土の年齢が若い地域である。日本列島は造山運動に加えて火山活動が盛んで、中国大陸から飛んでくる黄砂（風成塵）の影響もあって、土の材料が常に新たに地表面に供給されている場所だからだ。

ある時、ニュージーランドの研究者と話をしているときに黄砂の話題になり、「ニュージーランドはオーストラリアの風下だから、オーストラリアから黄砂のように風成塵が飛んでくるなら、土にとってはいいよね」と言ったら、「とんでもない、オーストラリアから飛んでくる風成塵が肥沃なわけはないだろう」と言われ、なるほどと思ったことがある。日本では、アフリカやオーストラリアのように土が古いためにその性能が低いという心配はない。それに加え、日本では畑地よりも水田が広く分布している。稲作は長く日本の農業の主流であった。水田ではイネの連作が可能であり、水を張った水平な農地は土壌侵食を防ぎ、上流から流れてきた土砂を水とともに受け止めることができる。生育期に雨がたくさん降ってもイネは負の影響を受けないし、土壌侵食や根腐れの心配もない。水田稲作は、東アジアのモンスーン気候に適合した優れた農法である。

畑地では、雨が多いと土が地表から流れ（口絵10）、土の中の排水が悪いと作物の根が腐る。ただかつての日本の場合、畑地では小規模で自給的な農業が多く、敷き藁で丁寧に地表を保護する技術もあった。ところが戦後、大型の農業機械を使った畑作農業が普及してきた。たとえば浅間山や八ヶ岳といった火山の麓の高冷地でレタスやキャベツといった野菜を大量に作り、大都市に出荷するという農業が展開された。この農法は化学肥料と農薬を大量に使うことで発展したが、作付をしていない季節に道路を見ると表土が雨とともに大量に流れている。また、土壌病害が深刻である。地域によっては、病害の激化で栽培が困難になると山の土を削り農地に敷く「客土」を行うことで病害を抑制している。なんと、土は使い捨てのようになっているのである。

しかし、日本で土壌劣化が進行していると聞いてもピンとこない人のほうが多いだろう。農業による土壌劣化は、機械化によって古代文明の場合よりはるかに急速に進んでいるが、それでも百年単位の現象である。また海外の、気候も大地の歴史も異なる場所の土壌劣化の例を聞いても、環境が違いすぎて、日本でも農業が原因の土壌劣化が起きていると実感しにくいだろう。しかしそれは、確実に起きている。

私は除草剤の散布によって管理されている農地の地面を見るたびに、まるで土が死んでいるように感じる。土が締まったように見え、地表が一様で凹凸がほとんどないのだ。この印象は、調査からも明らかになっている。

図7–3は、試験地の土を瓶に入れたものだ。同じ量の土をとり、同じ量の水を入れてからよく振り、しばらく時間が経った時の写真である。土を採った試験地では、トラクターで耕す耕起栽培と耕さない不耕起栽培で農地を管理して比較している。さらに、耕起栽培の区域では除草剤を使っ

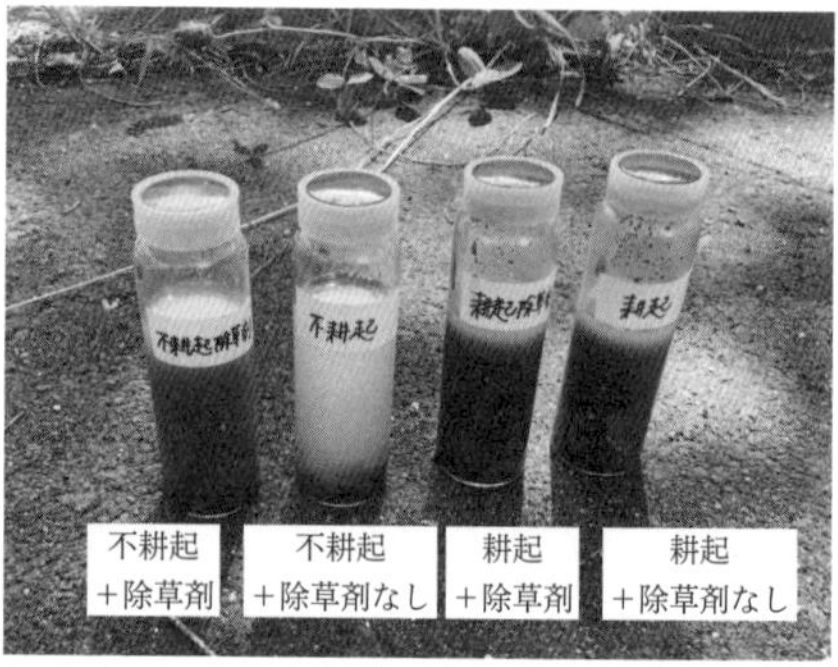

図7−3　福島大学桝沢試験地の異なる管理における土壌の違い。畑から土を取って水と混ぜると、同じ土地の土でも管理によって差が現れる。左から2番目の「不耕起＋除草剤なし」の土壌は、土壌生物が作った耐水性団粒が豊富で、水と土壌が速やかに分離する

て雑草を一掃する処理と手除草を、不耕起栽培の区域では除草剤を使って雑草を一掃する処理と草生栽培で管理を行っている。4パターンを比較すると、不耕起栽培でもそこで除草剤を使うと耐水性団粒が発達せず、耕起した土の場合と同じように水とともに振ると濁ることがわかる。また、耕すと団粒を作る生物が少なくなり、雨が降ると土が分散して水を濁らせる。耕起の畑で団粒のような土塊が見られるが、それらは耐水性団粒ではないのだ。

耐水性団粒は微生物やミミズなど土壌生物の活動によって生成される。先に、アメリカなどで主流の不耕起栽培は除草剤を使うが、それでは土壌侵食は防げないと言った。その理由がわかっていただけただろうか。

第8章　無肥料栽培でどこまで育つ？

プランターのガラス玉

ベランダで野菜を育てているプランターに水をやろうとして、土の表面に転がっている小さなガラス玉に気がついた。我が家では化学肥料を使わず、自家製のコンポストを使ってささやかながら野菜を作っている。このガラス玉は、前の職場で実験のために土を円筒に詰めたときに、排水がよくなることを期待して円筒の底のほうに置いていたものだ。それがどういうわけか我が家のプランターの土に紛れ込んで、長い年月を経て私の目の前に現れたらしい。ガラス玉はいつまでも分解しない。

野菜屑や肉、魚の調理屑、食べ残しなどの生ごみを自分で堆肥にしてみる人が増えている。「循環型社会」への参画という文脈で一種のブームになっているとも言える。それまで生ごみとして捨てていた野菜屑を堆肥にすることで、ごみの量が減る。生ごみは水分が多くそのままでは燃えないので、多くの自治体では化石燃料を使って焼却している。生ごみを焼却炉で処理することで化石燃料と野菜の炭素が二酸化炭素となって大気に戻ることになる。したがって、生ごみを堆肥にすることで少しだが温暖化対策の助けになるだろう。しかし、生ごみの堆肥化だけで環境問題が解決するかというとそうではない。生ごみを分解して作った堆肥と私が目にした分解しないガラス玉は、私たちの食を支える生態系の物質循環について多くのことを教えてくれる。

物質循環を「量」で考える

生態系における「物質循環」についてはどの生態学の教科書にも書かれている。それによると、生態系では生物の体と環境との間を、炭素と、窒素やリンといった生元素（栄養塩類）が食物連鎖を通してぐるぐると回っているという。しかし、森林や海をいくら眺めていても、あまりにもうまく、さり気なく循環が行われているので、そのことを実感することは難しい。そこで、家庭から出るごみを糸口に、物質循環について考えてみたい。

「循環型社会」を目指すからには、ごみを構成するあらゆる元素が、全量、過不足なく再利用される必要がある。まず、ガラス、プラスチック、金属、そして紙などは、家庭で分別して自治体に指定された通りに出せばリサイクルされることになっている。これらは一旦よしとしよう。では、調理屑や残飯はどうしたらよいだろう。世の中にはいろんな堆肥づくりの道具や方法があり、家庭でも堆肥をつくることができる。庭がある家庭なら土に穴を掘って埋めてもよいし、箱の中に土が詰めてあって、生ごみを上から投入するだけで、外から見えず野生動物にも邪魔されずに堆肥を作れる商品も売られている。バッグのように見えるおしゃれな容器に入れて、なにやら土のような資材と混ぜるだけで1か月もすれば残飯が分解され消えてなくなる（ように見える）商品もある。こうしてできた堆肥はプランターや家庭菜園の肥料となって、「循環型社会」を支えることになる。

しかし、この方法で全量を循環させるのはなかなか難しい。実際にやってみるとわかるが、家庭から出る生ごみの量はとても多く、コンスタントに分解するには生ごみ処理用に大きな容器が必要である。うまく堆肥化したとしても、できてくる堆肥の量がとても多く、それをすべて使って栽培をするにはかなり広い菜園が必要になる。家庭のベランダのプランターごときではとても足りない。たちまち養分過多となってしまうだろう。

別の方向からも計算してみよう。人が1年に食べる野菜を栽培するにはどれくらいの面積が必要だろう。現在、国内生産は1200万トン、自給率は80％程度とされているから、日本では1500万トンくらいを消費していることになる。また、日本人の野菜の消費量は年間100キロ前後とされているので、人口から考えると1250万トンとなる。また、畑地の面積が日本全体で112万ヘクタールなので、人一人が1年に食べる野菜を作るという循環を成立させるには一人当たり1アールの野菜畑地を確保する必要がある（日本では野菜が90品目くらい栽培されており、品目ごとに面積当たりの収穫量が異なるので、本当は一概には換算できない）。

ちなみに米は、一人が年間50・8キロ程度食べるとすると、10アール当たりの収穫量が535

キロ（平成3年度の全国平均）なので、1アール程度で一人分を賄える。しかし米だけでなく、この他にも小麦やトウモロコシなどは輸入に頼っている。

こんな自給自足を全員が行うのはとても無理だとしても、もし各自が作った堆肥を農地に送ることができれば、社会全体で見れば物質循環を達成できることになるだろうか？ しかし、まだ忘れているものがある。

排泄物のゆくえ

植物が育つには水、二酸化炭素と酸素、そして生元素が必須である。植物は太陽エネルギーとこれらの資源を使って光合成により有機物を合成している。ここで生元素というのは窒素、リン、カリウムなど肥料に含まれている元素のことだ。

考えてみてほしい。私たちの主食である米や小麦は化学肥料を大量に使って生産されているが、野菜は穀類よりもさらに多くの化学肥料を必要とする。生物はきわめて限られた種類の元素（生元素）を必須元素としており、その割合は種の違いに関係なくほぼ同じである。

私たちの体を分析すると、およそ70％が水分で、のこりは炭水化物や脂質、タンパク質からなる。人間であろうとタヌキであろうと、体を構成する炭水化物や脂質、タンパク質の元素組成はほぼ同じである。そして、動物である私たちは体を維持するために日々食品の形で炭水化物や脂質、タンパク質を食べ、食べた量とほぼ同じだけ排泄している（1日で体重が激変することはない）。乱暴に言うと、私たちの体は炭素や酸素、水素の他に、肥料由来の生元素からなるものを口から取り入れ、消化などによって多少分子の形を変えてエネルギーを取り出しつつも、元素として見ればそれぞれ同量を排泄しているマシンのようなものというわけだ。

さて、改めて考えてみよう。私たちが消費する食品をすべてリサイクルするにはどうしたらよいだろうか？　調理屑や残飯はさきほど述べたように堆肥として農地に戻せばいいだろう。私たちが食べた食品はやがて排泄物となるので、これもリサイクルしたい。かつて、人の排泄物は実際にリサイクルされていた。たとえば江戸時代には、近隣の農家が江戸の町に住む人たちの排泄物を野菜や金品と交換し、自分の農地の肥料としていた。その農地で作られた農作物が農家と江戸の町の人びとの食品となることで、生元素がぐるぐると循環していたわけだ。

現在、排泄物はそのほとんどが下水処理場で処理され、河川に流されている。いくら残飯を堆肥にしても、食品に含まれる肥料分のすべてが農地の土壌にリサイクルされることはない。そのため、私たちが取れる手段は、排泄物の分だけ確実に不足する生元素を肥料として農地に補うか、それとも無肥料で栽培するかになる。循環型社会における肥料の是非は、ここまでと同様に、その量と効果を意識して考える必要がある。庭先に小さなコンポストを置くのは楽しい趣味だが、社会全体がそれで事足れりと誤認するようなことがあってはならない。

無肥料栽培の誤解

無肥料で作物を栽培することが可能かどうかについては、さまざまな意見がある。無肥料栽培の擁護派は、自然の力は偉大であり、化学肥料などなくても植物は育つのだと言うし、懐疑派は、無肥料栽培が可能に見えるのは、無肥料栽培に移行するまで慣行栽培に則って農地に散布されていた肥料分が土に残っており、それが一定期間は作物の栽培を支えているからだと言う。無肥料栽培を続けるということは、私たちの食品＝排泄物＋生ごみの分だけ農地から生元素が持ち出され続け、農地に戻ってこないことを意味する。では、もともと土にある肥料分だけで何年くらい無肥料栽培が可能なのだろうか？

イネの栽培に必要な窒素を例に考えてみよう（**図8－1**）[1]。水田には灌漑水によって溶存窒素が流入する。水質は場所によって大きく異なるが、1年に1ヘクタール当たり12・8キロの窒素が水田に流入する。また、降水や埃（乾性降下物）の形で1年に1ヘクタール当たり12・5キロもの窒素が空から落ちてくる。さらに、水田土壌の表面にはシアノバクテリアや光合成細菌、鉄還元細菌のような、大気中の窒素をアンモニアに変換する微生物がいて、年間の窒素固定量が1ヘクタール当たり43キロもあるとされている。こうみると結構たくさんの窒素が水田に入るように思えるが、さらに農家は化学肥料や堆肥の形で1年に1ヘクタール当たり50～60キロの窒素を散布している。合計すると最大1ヘクタール当たり118から128キロくらいになる。

平均的な日本の水田では、玄米に含まれる形で1ヘクタール当たり41～43キロの窒素が「収穫」

される。また、籾殻に1ヘクタール当たり2・6キロ、排水として3キロが水田から流出する。合計すると水田から取り除かれる窒素の量は最大1ヘクタール当たり46・6〜48・6キロくらいになる。

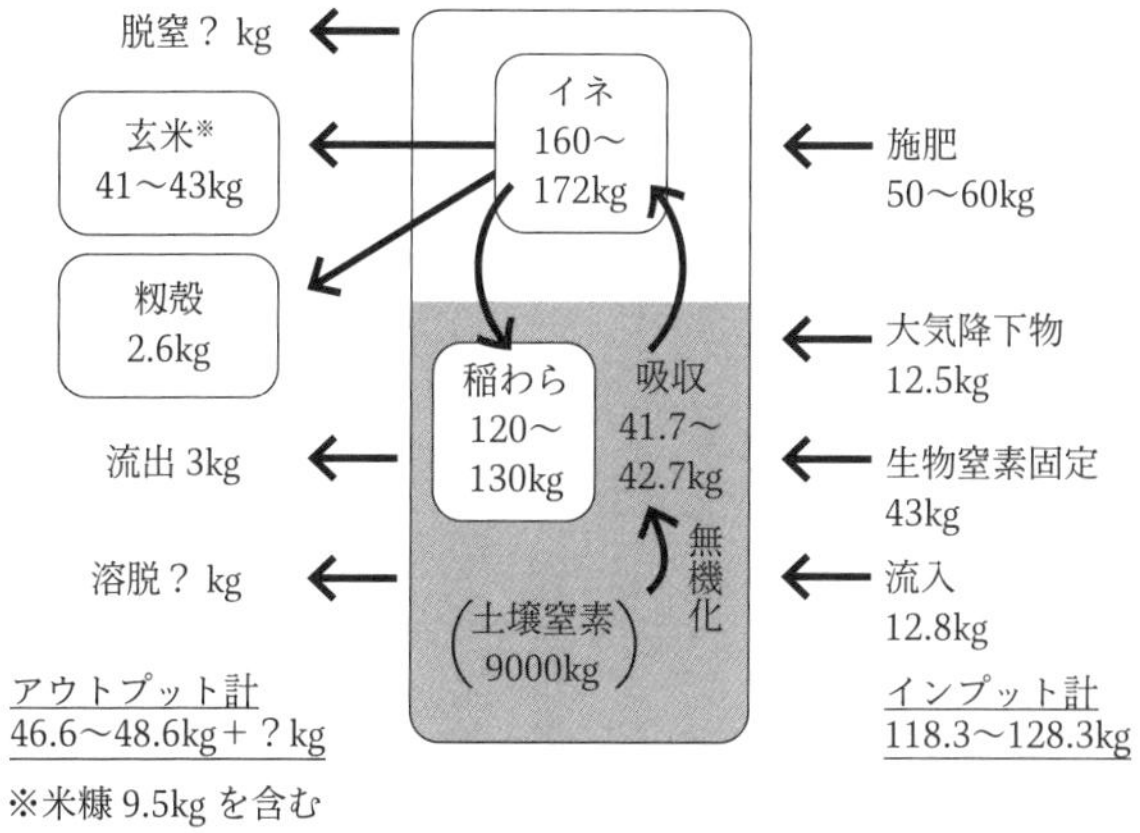

図8-1 水田における窒素の収支［文献（1）を元に作成］。外部から供給された窒素と、土壌からの窒素がイネとなる。一部は収穫されて持ち出され、あるいは流出し、一部は稲わらとして土壌に戻る。

ここまでの収支を見ると、インプットとして1ヘクタール当たり128・3キロ、アウトプットは1ヘクタール当たりたったのおよそ48キロとなり、収支が合わない。実はこの他に、微生物がガス態の窒素を作ることで大気に失われる脱窒や地下水への溶脱により、多くの窒素が失われている。しかしこれらは実測が難しいので、実際の量はよくわかっていない。単純にわかっているインプットとアウトプットの差をとると、1ヘクタール当たり70〜80キロにもなる。

現在の日本の水田農業は、1ヘクタール当たり41〜43キロの窒素を含む玄米を生産するために、1ヘクタール当たり50〜60キロの窒素を肥料として水田の外から持ち込んでいる。肥料を過剰に投入しているように見えるが、脱窒や地下水への浸透による損失分がわからないので、肥料の使用の是非や適量をこれだけから見極めることは難しい。

しかも、「作物として収穫される窒素の分だけ肥料として補えばよい」といった単純な話でもないようなのだ。水田内で循環し続けていて、上記のインプットにもアウトプットにも計上されない窒素もあり、これも収穫量に間接的に影響している。水田の中では、収穫後にワラや根株として1ヘクタール当たり120〜130キロの窒素がイネから土壌に供給され、土壌から1ヘクタール当たり41・7〜43・7キロの窒素が供給される。つまり、イネは1ヘクタール当たり160〜172キロの窒素を含む植物体を作り、毎年その4分の1の窒素を玄米として水田の外に供給していることになる。水田の中で土壌とワラや根株を循環する窒素はインプットにもアウトプットにも含まれないが、もしこの循環が滞ると、イネの成長や収穫量に影響することになる。

無肥料で栽培してみると

窒素の水田へのインプット・アウトプットの全体の推計が難しいのなら、水田で肥料を投入しないで栽培してみればよい。無肥料栽培に切り替えて肥料の窒素に相当する量がイネに吸収されなくなるとすると、イネの植物体の窒素は1ヘクタール当たり100〜112キロくらいにしかならない。その4分の1が玄米の窒素になるとしたら1ヘクタール当たり25〜28キロとなるから、収穫量にすると従来のおよそ半分になる。これが無肥料では十分に生産できないという主張の根拠になる。

実際には、無肥料栽培を実践している奈良県の川口由一さんのところで調べてみると、収穫量は慣行栽培の農家の2割減で、これまで国内で行われた試験機関での収穫量も慣行栽培の2割減であった。

無肥料栽培でも、収穫量の一部を水田に戻せば多少は窒素の循環をよくすることができる。現代の水田農業では、コンバインでイネを刈り取ると機械の中ですぐ脱穀をして、稲わらを短く刻んで田んぼに排出する。一方、籾摺りは農家の作業場や農家が共同で持っているライスセンターのようなところで行われるので、籾殻が水田に戻ることが少ない。籾殻の量は、籾の5分の1程度で、窒素含有率が低い（0・32％）ので、籾殻に含まれる窒素は1ヘクタール当たり2・6キロ程度しかない。玄米から白米への精米も水田とは別の場所で行われ、糠を水田に戻すことも少なくなった。糠に含まれる窒素は、ヘクタール当たり9・5キロと無視できない量である。しかし、これらを集めて水田に戻すだけでは、肥料で供給される分をまかなうことはできない。

他に、窒素の供給源はないのだろうか。実は、水田土壌には0・3％くらいの窒素が含まれているので、土壌の比重を1とすると、深さ30センチまでに、およそ1ヘクタール当たり9000キロもの窒素があることになる。もしこれを利用できるなら、単純な割り算をすると毎年玄米で1ヘクタール当たり42キロの窒素を持ち出しても無肥料でも214年分の窒素がある。「うん、これなら私の現役時代には一切肥料をやらなくてもよいかもしれない」と、農家が考えることも可能ではある。実際には、さきほど説明したように生産量が落ちて、収穫物による窒素の持ち出しが少なくなる。逆手に取って考えると、もっと持続可能な時間が長くなるとも言える。
ただし、この土壌にもともと含まれている窒素は、そのままでは植物が利用することはできない。土壌生物に変換される必要があるのだ。

土壌微生物の働き？

イネは毎年160～172キロの植物体を作り、その41～43キロが収穫される。投入する肥料は50～60キロである。つまり、毎年の肥料が全部無駄なくイネに吸収されたとしても、それはイネが吸収した窒素の全量の30～38％くらいにしかならない。すなわち、残りは大気降下物、生物窒素固定による窒素と、土壌から供給されるものである。最初の二つを除くと、土壌そのものからの窒素は、少なくとも3割くらいを占めるだろう。では、いったい誰がこの窒素を供給しているのだろうか？

もともと土には土壌有機物の一部として窒素が存在する。ただし、これを植物が利用するには、微生物が土壌有機物を食べ、有機物に含まれていた窒素を無機化する必要がある。もちろん、土壌有機物中の窒素の一部は、微生物が成長したり、繁殖して個体が増えたりする分として、微生物の体のためにも使われる。しかし短期的には、さきほど私たち自身を例に挙げた通り、微生物も動物も食べたものと同量を排泄しながら生きている。その過程では土壌有機物が無機化された窒素に変換されて排出されているわけである。この分の窒素は肥料の袋と違って私たちの目に見えないが、自然のしくみとしてイネの生長を支えている。そして、その量はイネが吸収する窒素の3割を占めるのだから、土壌の微生物の存在が重要であることがわかるだろう。

結局、無肥料栽培は可能なのだろうか？　さきほど計算したように、米糠や籾殻を水田に戻しても肥料に含まれる窒素には足りない。私はマメ科緑肥が切り札になると考えている。昔は窒素固定をするレンゲが緑肥として全国的に栽培されてきた。レンゲと同じマメ科のヘアリーベッチを栽培することで、化学肥料と同量の窒素を確保することが可能である。ヘアリーベッチを十分に育てると、150〜250キロもの窒素を含む植物体が作られる。秋にヘアリーベッチを蒔き、春に鋤き込むことで、緑肥に固定された窒素が土壌を経てイネに使われるようになる。これらの効果は以前から知られていたが、肥料代の高騰を受けて、最近改めて窒素肥料を節約できる緑肥が見直されている。

農業と物質循環

現在の農業では基本的に化学肥料を使う。窒素に関しては、ハーバー・ボッシュ法で大気中の窒素（不活性窒素）からアンモニア（活性窒素）を作り、リンは鉱物から取り出して使っている。他にカリウム肥料も基本的に鉱物を利用している。

田んぼの窒素のところで考えたのは、肥料分の内部循環であった。大気中の窒素は、水田の表面に棲むシアノバクテリアや、メタン酸化細菌あるいは緑肥としてのマメ科植物などが活性窒素に変換しているが、それ以外はイネや土壌有機物に含まれている。土壌にはイネが年間吸収する量よりもはるかに多くの窒素が保持されている。水田に出入りする窒素の循環ルートには、大気と水田の間のやりとりと、イネと土の間のやりとりがあり、土から吸収された窒素はふたたび土に戻る。つまり、水田では窒素が半閉鎖的に循環していることがわかる。

同じように炭素について考えてみよう（図8－2）。炭素は大気中に二酸化炭素として存在し、光合成で植物に取り込まれて炭水化物の主要な原料となる。すべての生物は体に炭水化物を利用しているが、一部は呼吸によって二酸化炭素に戻したり、メタンやアルコールなど別の化合物に変換したりして光合成によって蓄えられたエネルギーを利用している。つまり、生物は環境とガス交換をすることで生きている。大気中の二酸化炭素の量と地球全体の光合成によって吸収される二酸化炭素の量を比較すると、植物による年間の吸収量は大気中の二酸化炭素の量の6分の1程度にもなり、植生と大気との間で、きわめて速い速度で吸収、放出が起きていることがわかる。したがって、炭素の循環は開放系と言える。誰が大気中に二酸化炭素を放出しても、大気中ですみやかに混合され、地球全体の平均濃度をわずかであるが上げる。二酸化炭素濃度の上昇による気候変動は、排出源が誰であれ、また何であれ、地球全体の濃度が上昇することによって引き起こされるというわけだ。

開放系である炭素循環を詳しく見ると、実は今も、植物体よりもさらに多くの量の炭素が土壌に蓄えられている。土壌有機物のほとんどは枯れた植物体あるいは微生物遺体である。すでに述べたように、かつて、石炭紀には大量の木材が分解されずに石炭を含む厚い地層を作った。

リンの場合は、ガス態を持たないので閉鎖的に循環している。すなわち、肥料として散布されたリンは植物や動物に吸収され、遺体からリンが土壌に移動する。過剰に散布された肥料や洗剤に含まれたリンが河川に流れ出すと、やがて湖や沿岸域の富栄養化をもたらすこともある。しかし、大半のリンは植物と土壌の間を循環している。

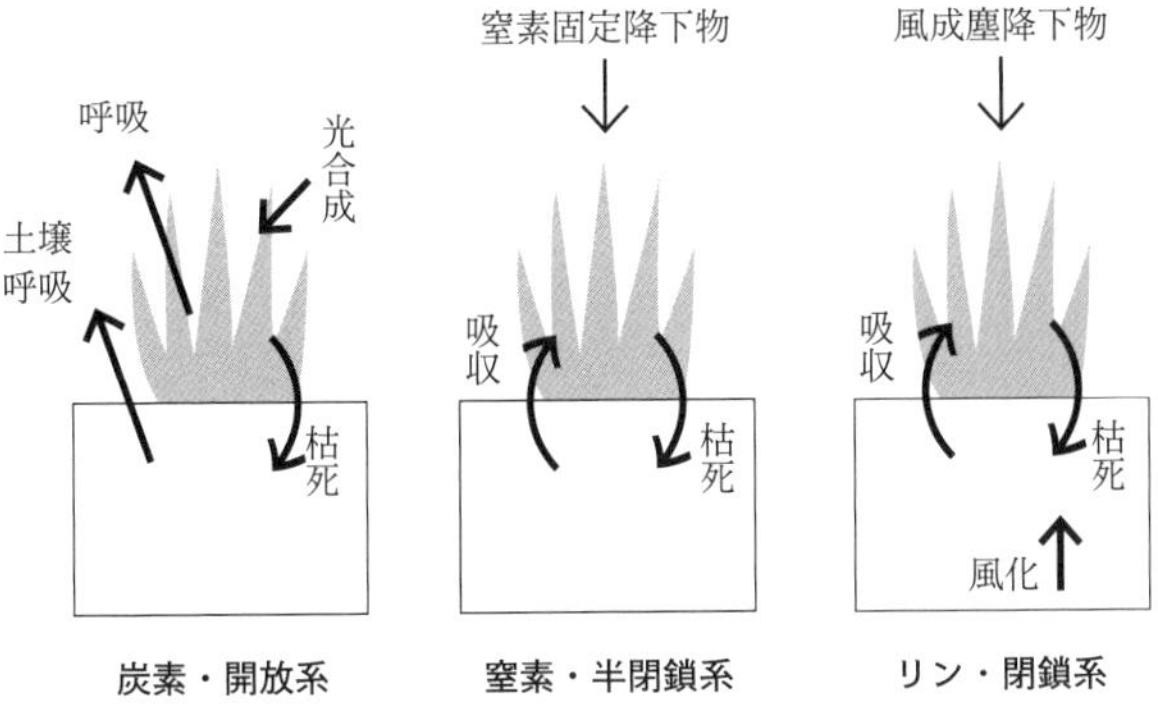

図8−2　各元素の循環ルートの違い。植物中のリンは、もともと風化由来のものが植物に利用され、その後枯死した植物体由来のリンが再利用されている「閉鎖系」である。植物中の窒素は一部大気から生物による窒素固定があるが、大部分が枯死した植物体に由来している（半閉鎖系）。これに対し炭素は、二酸化炭素として流入・放出している「開放系」である。炭素と窒素については、風化による流入はほとんどない

　2009年に発表された「地球の限界」という論文では重要な地球環境問題を八つとりあげ、その深刻度を図示することで、問題の重要性を共有させてくれた(2)。この有名な図によれば、もっとも深刻な問題は生物多様性の喪失であり、その次に窒素とリンの循環、そして3番目に温室効果ガスの濃度上昇が挙がっている。こう聞いて意外に思う人も多いかもしれない。日本の環境を守る役割を担う環境省は地球環境問題として生物多様性の保全と気候変動対策を熱心に行っているが、窒素やリンの循環についてはほとんど発信していない。窒素やリンの汚染をも

たらしているのは農業に使われる肥料である。肥料の問題は農林水産省の管轄であり、環境省は関与したくないのかもしれない。

化学肥料なしで農業は可能か?

世界的な化学肥料の価格高騰が、日本の農家の経営コストを圧迫している。気がつけば日本は窒素、リン、カリウムの肥料をほぼ100%輸入しており、為替変動の影響を受けるだけでなく、国際的な需給バランスの影響を受ける状態になっている。食料生産を確保するために、中国やインドといった人口の多い国が肥料を優位に購入する構図ができてきて、日本への輸入が難しくなってきている。

化学肥料が手に入らないとしたら、かわりに家庭に頼らず農家が積極的に堆肥を使えばいいのかもしれない。たとえば、2020年から2022年にかけて、窒素肥料の原料である尿素の価格は3倍になった。そこで、農家は急に堆肥の利用に関心を向けるようになり、農林水産省も堆肥製造施設への補助金を増やしている。化学肥料を堆肥に変更することでこの危機を乗り越えられるのだろうか? 奇妙なことに現在、一般農家が「堆肥」という時、それは「畜糞堆肥(厩肥《きゅうひ》)」を指す。しかし、その供給元である日本の牛や豚、ニワトリについて言えば、その飼料は肥料と同様に輸入が主である。肥料代が高騰し、為替変動の影響を受けて輸入飼料も高騰している以上、肥料の代替としての堆肥の価格も上がっていくかもしれない。農業を助けるどころか、畜産業そのものが日本では維持できなくなる状況が迫りつつある。

ただ、畜糞はこれまで有効に利用されてきたとは言い難い。日々「生産」される畜糞から良質な堆肥を作るには設備が必要である。畜糞を堆肥化するのではなく、メタン発酵をさせてメタンを燃料や発電に利用し、残渣を肥料として活用する方法もある。いずれにせよ、畜産農家にとっては負担が大きく、畜糞が牧場に放置されたり、未熟なまま農地に散布されたりという事態が起こっている。

畜糞はそのままでは水分が多く腐敗するので、堆肥にするためには藁やおが粉のように炭素分が多く窒素やその他の生元素が少ない有機物を副材料として混合する必要がある。なお、堆肥製造にも技術が必要である。たとえば、牛糞堆肥の場合、78％の窒素が製造過程で失われる。(3) 堆肥が「臭う」ということは堆肥に含まれる窒素がアンモニアとしてガス化し無駄に失われていることを意味する。畜糞から堆肥になり、農地で作物が吸収するまでに、貴重な窒素がかなり失われている。

国際的には、農業生産における肥料の利用効率を上げること、さらに食品の加工、消費における廃棄を減少させることが課題となっている。人新世では農業と工業の発展により、地球規模で生元素や金属類の物質循環が大きく変えられただけでなく、循環のあちこちでさまざまなロスが生じている。(4)

肥料の高騰は日本の農業にパニックを引き起こしている。もし化学肥料がまったく輸入できなくなったら、日本の農業はどうなるのだろうか？　水田では、肥料を使わない場合は2割の減収で生産が可能となるので、同じ量を生産するためには2割程度水田の面積を増やせばよいことになる。また、マメ科緑肥の活用という方法も紹介した。畑作で仮に肥料を使わないと生産量が半減するとしても、耕作放棄地を活用すれば農地は足りている。省力化して今の倍の農地を管理できればよい。物質循環の健全化の観点からも農業のやり方や農地面積を考えることが求められている。

ベランダのガラス玉はそれ自体変化せず循環の輪に乗らないものであった。農地では生元素が、開放系や閉鎖系の違いはあるものの、植物と環境の間を循環している。そこから作物として生元素が持ち出され続けていて、ごみや排泄物となったそれらを全量、農地に戻して循環させることはできない。無肥料栽培の一部の擁護派が考えるように、肥料がなくてもなんの変わりもなく農業を営めるとは言えず、実際には収穫量に影響が出る。ただし、近年は輸入肥料の高騰などの問題が出てきている。堆肥や緑肥に目を向け、生産現場と生産から消費までの流通における物質循環のロスをなくすことが、今後ますます求められる。

第9章　暗中模索する人びと

ミミズは土の中での生活に見事に適応した生物である。第4章で述べたように、視覚を使えない土の中で表層や地中に異なる種が棲み分けており、食べている有機物も落葉して間がないものから時間が経って腐朽が進んだものまで、種ごとに異なっている。

いくら研究が進んできたと言っても、まだまだ土の中の生き物が何をしているかをすべて説明することはできない。地上の生物たちの多様性と生物間相互作用をすべて理解し説明できる研究者はいないだろう。ましてや地下の生物群ともなると、種の把握から行動の追跡、環境との相互作用の理解など、あらゆることが難しくなる。専門家が少ないせいもあり、土の生物研究をしているとさまざまなことに関心が広がっていくが、ミミズのように自分のまわりの土の環境を正確に把握し、進んでいくのは難しい。

土の生物を操作して、作物の収穫量を増やそうという試みは数多く行われてきた。これまで述べてきたように、土壌生物は多様性がきわめて高く、複雑な物理構造を持ち観察が難しい土の世界で、彼らを思う通りに操作することは難しい。しかし近年は、土の生物、特に微生物に関して遺伝子解析が研究の世界を大きく変えている。

ＥＭ菌と放射能

２０１１年3月の東北地方太平洋沖地震による津波や停電で福島第一原子力発電所から大量の放射性物質が放出され、東日本を広く汚染した。私は放射性物質の専門家ではなかったが、自分たちなりにできることをやりたいと思い、森林の汚染や除染の研究を行ってきた。福島大学に新たに農学部を作ることになり、２０１８年に福島県に転居した。震災は農林水産業に特に大きな影響を与え、そこからの回復を目指す暗中模索と実践の日々の中で、さまざまな玉石混交のアイディアが出され、試されてきた。その詳細は他書に譲るが、ここでは被災地で実際に聞いた微生物を使った資材の話をしたい。

避難地域に指定されなかった二本松市東和地区では、ＮＰＯ法人が中心となって農地の汚染状況の調査や、作物への放射性物質の移行を抑える栽培法の研究などについて、大学や公的研究機関の研究者を巻き込んで盛んに活動していた。そこには何かしらの資材を持ってきて「これを撒けば放射能が消えます」と話す輩が実にたくさん来たそうだ。本当に消えると思って来た人も多いだろうから、輩と言っては失礼かもしれない。しかし、放射性元素が崩壊して放射線を出すという物理現象そのものは、どんな資材を使っても改変することはできない。なお、放射性物質を別の資材に「移す」ことならできるかもしれないが、その場合も、放射線を放出するという能力自体は失われない。

「ＥＭ菌を撒けば放射能が消える」という言説もその一つだった。どうやら今も言われているらしいが、やはりＥＭ菌で放射能が変わることはない。第一線の研究者たちと真剣に農業の継続を模索している東和地区の人たちは、ＥＭ菌に惑わされることはなかった。「いいよ、やってみてと言ったけど、効いたことはなかったな」と当時の事務局長の武藤さんは笑って言った。

ＥＭ菌とは、Effective Microorganism の頭文字をとって名づけられた微生物資材だ。琉球大学の比嘉照夫先生が開発され、さまざまな商品になっている。土壌に撒くと作物がよく育つとか、残飯に混ぜるといやな匂いがせず、コンポストになるといった効能が謳われている。ＥＭ菌の微生物組成は非公開であるが、光合成細菌や嫌気性、好気性といったさまざまな種類の細菌が安定した関係を作っていて、さまざまな実験でその効果が「実証」されているという。

ただし、ＥＭ菌を使った実験には、ＥＭ菌処理の対照区が水である場合が多いという問題がある。この点に関してはスイスの研究チームがきちんと実験してくれた(1)。彼らは、ＥＭ菌処理の対照区としてＥＭ菌資材を滅菌処理（専用の釜で高温高圧にする）したものを比較して、ＥＭ菌資材には効果がないことを確認している。

対照区の選択が重要なのは、ＥＭ菌の微生物組成が不明だからである。「ＥＭ菌を撒きました」

と言っても、もしそこに細菌だけではなく、細菌を増やしたり維持したりするために何かが入っているとしたらどうだろう。対照区を水とすると、その植物の生育に必要な何らかの物質と水を比べて「微生物の効果だ」と誤解する恐れがある。その点、対照区を「滅菌処理したEM菌資材」にすれば、微生物以外に何が入っていようとそれは処理後も残存するので、微生物の効果だけを評価できる。そしてこの実験では、前述の通りEM菌による生長促進効果が確認できなかった。

また、実際に畑に撒いて効果がないことは、東京農業大学の後藤逸男先生が詳細な栽培試験で確認されている。(2) 効果がないどころか、化学肥料や堆肥で栽培したものよりEM菌資材を使った処理のほうが生育は悪かった（表9－1）。

なぜ、このような資材が一定の人気を持つのだろう。土の話をしていて私も不思議に思うのだが、目には見えない微生物が農地で活躍すると信じている人が多いのに、手のひらの上に乗っているミミズの働きについては無関心な人が多い。○○細菌が△△に効くと謳う商品は実に多い。では、土にそれらの微生物を散布したらどうなるだろう？　一般的な結論を言えば、よほど大量に撒かないかぎり、土の微生物群集の組成が変わることはない。

微生物解析と微生物資材

かつては、微生物で培養可能なものはわずかで、ほとんどは名前すらわからなかった。顕微鏡で新たな微生物を見つけても、それが増殖する条件がわからず培養できなければ、詳しく調べること

年	作物	部位	速効化肥区	緩効化肥区	有機物区	EM ボカシ区	非 EM ボカシ区
平成 6 年	ジャガイモ	塊茎部	100	116	117	53	—
	ソルゴー	地上部	100	100	126	83	—
	ホウレンソウ	地上部	100	109	98	55	—
	ライムギ	地上部	100	110	117	69	—
平成 7 年	エダマメ	莢実部	100	106	99	95	98
	ソルゴー	地上部	100	86	167	134	126
	ホウレンソウ	地上部	100	87	105	26	24
	平均		100	102	118	74(45)	—

速効化肥区：速効性化学肥料区　　( ) は施肥を行った野菜だけの集計値
緩効化肥区：緩効性化学肥料区

表 9－1　化学肥料、有機物（鶏糞堆肥）、および EM ボカシの比較試験（東京農業大学土壌学研究室試験圃場)。「EM ボカシ」は土や有機物と EM 菌を混ぜてしばらく発酵させたもの。「非 EM ボカシ」は EM 菌を混ぜずに、同様に発酵させたもの。速効性の化学肥料区での収穫量を 100 としたとき、EM ボカシ区では平均して 74 の収穫量であった。EM 菌をつかわない非 EM ボカシ区の値は EM ボカシ区と違いがなく、EM 菌の効果がないことがわかる［文献（2）を元に作成］

はできない。しかし、遺伝子解析をはじめとする微生物を調べる技術の進歩で、培養しなくても遺伝子配列から土の中の微生物の名前がわかるようになった。第3章で述べたように、私にとって衝撃だったのは、アメリカのフィーラーたちが世界の主要なバイオームで採取した土の中の細菌相を明らかにした仕事だった。この研究によれば、乾燥地帯の土をのぞいて、草原でも森林でも、温帯であろうと、熱帯や亜寒帯であろうと、細菌の主要な分類群の組成にほとんど違いがなかったのである。[3] それぞれの場所で生えている植物の種類も大きさもずいぶん違うのだが、土の中の細菌たちの顔ぶれは（もちろん解像度を上げて細かく見るとそれぞれ違いはあるのだが）変わらない、という発見は新鮮だった。

そして、土壌細菌の組成が世界中でよく似ているということは、組成がきわめて安定していることを意味している。EM菌のように外部から新たな細菌を添加しても、添加した細菌が増えて全体の組成に影響を与えるとは思えない。

陸上で植物が生育するところでは、たとえば小麦や大豆といった身近な作物を育ててみると、程度の差はあるもののちゃんと育つ。つまり、植物が育つために土の中で有機物を分解したり、植物に何かを供給する役割をはたす微生物たちがあまり違わないおかげで、私たちは地球の各地で農業ができているとも考えられる。

私たちの体の中の微生物解析が急速に進み、大腸の細菌たちが人の体で合成できない物質を供給していることや、免疫や脳の状態にも影響していることが明らかとなり、あらためて食の大切さが重視されている。大腸にはおよそ1000種程度の細菌が生活していると言われているが、土の場合は種類数がおそらくもう一桁か二桁多い。さらに、アーキアや真菌類といった大腸にはいない微生物も活躍している。したがって、土の微生物の研究では大腸より複雑なものを相手にすることになる。

土に何かを撒いて作物の生育を助けたい、というのは誰もが思うことである。そこで、いろんな肥料が開発され使われている。日本では肥料は肥料取締法で管理されていて、規定を満たさないものは肥料として販売できない。また、堆肥や木炭は土壌改良資材として指定されている。ところが、微生物資材を管理する法律はない。さらに、植物のストレスを和らげることで生育をよくすると謳うバイオスティミュラントという分野も最近成長している。これも明確なルールはない。

ホームセンターに行くと堆肥や微生物資材だけでなく、土壌改良材の類が実にたくさん売られている。ベランダのプランターや庭の花壇に入れる程度なら大した負担にはならないだろうが、農地に使うとなるとその経費は無視できないくらい大きいだろう。しかし、農家もこのような資材には目がない。どうも人は物言わぬ土に何かを足したくなるらしい。無肥料無農薬で栽培をしている農家は、大多数の農家からはとても評判が悪い。肥料を撒くと生長がよくなることを実感している農家からすると収穫量が低いし、害虫の住処になっているように思えるからだろう。一方、有機農家は化学肥料を使わない分、堆肥をとてもたくさん使う。

微生物の解析が進むと農業に役に立つ微生物を操作したくなる。植物の生長を促進する生長ホルモン様物質を分泌する細菌は Plant Growth Promoting Bacteria と呼ばれ、古くから研究されてきた。最近では苗や種子に有用な微生物を接種する方法が盛んに研究されている。植物の生長にともなって微生物も増え、衣服が人の体を守るように植物を取り囲んで、病原菌や乾燥ストレスなどから守ると考えられるようになってきた。

微生物を植物に接種する方法は、土全体に微生物を散布する方法に比べるときわめて効率がよい。土を操作して作物の生育を強化したいというEM菌関係者の夢は、有用な微生物の接種という新たな技術で実現しつつあるように見える。

「これを使えば解決する」という特効薬のようなものがあると聞くと飛びつきたくなるかもしれな

いが、そんなうまい話は現実にはなかなかない。土壌の生態系は複雑に絡み合っているからだ。これからもさまざまなアイディアが出てくるだろうが、重要なのは最初の期待に固執せずに、その効果を検証し評価することである。

根圏の微生物と動物の相互作用

微生物をただ投入するのではなく、微生物と植物の関係を変えるという方法も考えられる。

土の中は、根圏と非根圏という二つの領域に大きく分けることができる。[4] 根圏は文字通り根の周りのことで、根からの滲出物を土の中の微生物が利用し、微生物が作り出す物質や微生物の活動によって分解されたり風化されたりした生元素が植物に利用される。すなわち、植物と微生物がともに利益のある関係になっている。根滲出物は糖類やアミノ酸を含み、その量は草本植物の場合、光合成で固定した有機物の7〜11%にもなると推定されている。[5] 植物はせっかく光合成で稼いだ有機物のかなりの割合を、自分の体を作るのではなく、根から滲み出させて捨てている。自分では合成できない物質を微生物に作らせたり、生元素の吸収を助けてもらったりすることは、光合成産物を支払うという対価に見合っているのだ（図9-1）。

一方、根の影響のない部分も土にはたくさんある。農業の場合、作物の収穫後、いちど農地を耕して種子や苗を植える。このとき、作物は小さいので根圏もきわめて狭い。土のほとんどの部分は根からの滲出物は利用できない状態である。根圏の微生物は、非根圏に比べると生長が早いものや、

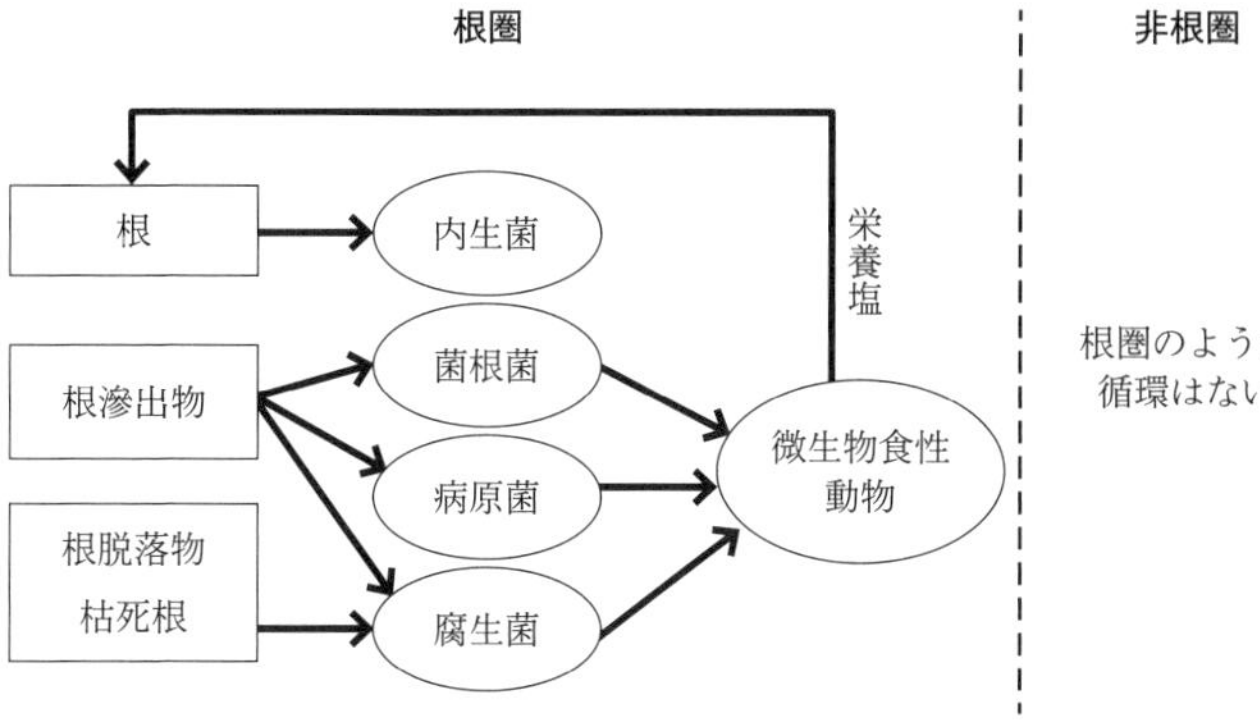

図9-1　根圏が土壌生物に与える影響。根があると内生菌が生育できる。根滲出物、根脱落物、枯死根は、根圏の菌根菌や病原菌、微生物食性動物、そして腐生菌を非根圏に比べて増やしている

病原性のものが多い。土の中を根が伸びるとともに、それまで休眠していた微生物が目覚め、滲出物を利用して増殖する。土の中で微生物活性がとても高い部分が根圏だ。

根圏に微生物が増えると、微生物を食べる原生生物やセンチュウも根圏に移動してくる。原生生物やセンチュウはサイズが小さいが、寿命が短く代謝が盛んなので、根から微生物、そして微生物食の微小動物へと大きなエネルギーの流れができる。

実験室で、植物と微生物だけのポットと、植物と微生物に微生物を食べるセンチュウを加えたポットを作り、植物の生長を比較すると、センチュウのいるポットではセンチュウのいないポットの2倍くらい植物が大きくなるという意外な結果になる(6)。植物と微生物だけだと、微生物は生元素を植物より優先的に利用し、必ずしももらった根滲出物に見合うだけのお返しをしないらしい。そこに微生物を食べるセンチュウがやっ

てくると、微生物に取り込まれた生元素はセンチュウの体を作りつつ、一部は排泄される。動物は細胞を作り替えながら生きているので、つねに廃棄物を出しながら暮らしている。窒素はアミノ酸や核酸の構成元素であるが、動物からは窒素老廃物としてアンモニアや尿酸の形で排泄される。微生物も窒素老廃物を排泄するが、すぐにまわりの微生物に利用される。動物による微生物の摂食は微生物の個体数を抑えつつ、大量の排泄物を出すので、植物による生元素の再利用が可能になるのだ。

根圏の拡大か根圏の維持か?

慣行農業の農地では、収穫とともに根圏がなくなり、作物の生長とともに根圏が拡大するということを繰り返している。土壌生物にとって、それはどんな環境だろう。

何も生えていない農地に蒔かれた種子がやがて芽生え、小さな根圏で微生物を増やしながら地上部に合わせて地下部の根も伸びていく。苗の場合も同じで、苗のまわりには植物がない。ミミズの立場でまた想像してほしい。根圏では枯れた根が餌となるので、地中性のミミズにとっては非根圏土壌ではなく、根圏土壌に棲んでみたい。しかし、点々と存在する小さなスポットを探すのはなかなか困難な仕事である。一方、たとえば年中、植物が生えている牧草地では根がマット状に密にからみあっており、土全体を覆っている。このような状態だと、ミミズも餌に困らない。

作物以外の植物で根圏が維持されていることは、食害対策にも有効かもしれない。ミミズは生きた根を食べないが、コガネムシの幼虫は農作物の根を食害する。しかし、コガネムシの幼虫は根だけを食べているわけではない。コガネムシの幼虫に、腐葉土だけを、あるいは生きた植物の根を、そして両方を与えて飼育すると、腐葉土や根だけを餌にした場合に比べ、両方を与えた場合にははるかにコガネムシの体重が増える。偏食をしないほうが体にいいらしい。農地で種子や苗だけがある状態では、たまたま根にたどり着いたコガネムシは食害をする。慣行農法ではこれを農薬で防いでいるが、農薬を使わない有機農法ではコガネムシを減らせない。さらに、化学肥料を使わないかわりに堆肥を散布すると、腐葉土と同様、コガネムシのよい餌となる。土の中で根にたどりつくまで堆肥を食べ、たまたま根があると体にいいからと根も食べているというわけだ。コガネムシの成虫が臭気に誘われて堆肥を撒いた畑に産卵するとしたら、農家がわざわざ被害が出る状況を作り出していることになる。そうではなく、緑肥などにより最初から一面に根があれば、作物の根をわざわざ食べなくてもよいかもしれない。

ミミズもEM菌も、それだけで土を大きく変えうる鍵として扱われているという点では似て見えるかもしれない。しかしミミズの場合は、第4章で紹介したように、(外来種として望まれぬ形でだが)実際に北米の森林を一変させつつあり、また農地で耕起・不耕起を比較する研究でも、土壌を変えている実績がある。ミミズ以外にもさまざまな土壌動物がおり、植物や微生物との相互作用があるが、土壌を上下に攪拌できる生物はほぼミミズしかいないし、土壌動物は微生物を食べたり移動させたりといった微生物にはできない働きをもつ。さまざまな新しいアイディアを検証する傍らで、古くから知られているミミズを活用する方法も考えられてもいいのではないだろうか。

第三部　農業をどう転換させるか

第10章　ミミズの農業改革

ミミズの糞でできている畑

耕すことは農業の基本であると言われる。しかし、ミミズにとって耕耘による攪乱は大敵である。それは、慣行農業も、環境にやさしいと言われる有機農業であっても同じだ。ということは、あらゆる農地からミミズはいなくなってしまったのだろうか?

日本にもミミズが多数暮らす農地がある。すでに紹介した愛知県新城市の松沢さんの畑のように、いわゆる自然農や自然栽培といった、不耕起で、雑草などで地面が覆われている農地である。福岡正信さんや岡田茂吉さんが考えた農法が有名で、多くの後継者がいる。自然農や自然栽培の農家による農地の管理は、実際にはさまざまなバリエーションがあるが、種子を蒔いたり苗を植えたりするところ以外は地面を攪乱しない「不耕起栽培」を採用し、常に地面が植物に覆われている点は多くの農家で共通している。私は、2010年頃から茨城大学の小松﨑将一さんとともにこのような管理の農地を「不耕起・草生」と呼び、栽培システムとしての妥当性に関する研究を始めた。

小松﨑さんはもともと農作業管理学が専門で、実はトラクターで農地を耕す専門家でもあった。しかし、アメリカでの不耕起栽培の拡大をみて、茨城県阿見町にある茨城大学農学部の附属農場で栽培試験を始めた。耕起した区画と不耕起で管理する区画を設け、さらに作物だけを栽培する処理と「カバークロップ」という収穫しない緑肥を作物とともに栽培する処理を組みあわせるというものである。そこで、不耕起にすると農地の土壌動物の様子がどうなるかを調べてほしいと頼まれ、農場を訪ねることになった。実は当時、私自身は農業にまったく知識も関心もなかった。しかし不耕起栽培には興味をひかれ、試験農場の見学のついでに2軒の農家を一緒に訪問させてもらった。

最初に見せていただいたのは牛久市の高松求さんの竹林である。高松さんのタケノコは品質のよさだけでなく、その独特の栽培法でも知られていた。竹の密度を一坪当たり1本から2本と低く抑えるとともに、竹の先端を折って高さを4メートルほどで止めるので、地面に光が差していて、竹林の中は歩きやすい。そして、地面の乾燥を防ぐために小麦を栽培していた。小麦はカバークロップとして利用しているもので収穫しないので、小麦の落葉や茎はそのまま地面で分解する。この竹林を案内してもらうと、たいていの人は高松さんの竹の様子を見て驚くのだろう。しかし、土壌生態学者としては竹の様子よりもどうしても地面を見たくなる。すると驚いたことに、地面には多数のミミズの糞があり、落葉層が薄かった。竹林と言えば、竹以外の植物はほとんどなく、地面に竹の落葉が厚く堆積しているものだと思い込んでいた私にとって、高松さんの竹林の地面の様子は大きな驚きであった。普通の竹林の地面では、竹の落ち葉がひっついて層をなしている。竹以外の植物が生えていないので、ミミズはいないものなのだ。それに引き換え高松さんの畑では、小麦の有機物がミミズの餌となるせいか、ミミズがたくさんいて、ついでに竹の落ち葉も食べていた。ミミズの活動は、生産物であるタケノコの品質に貢献していると思われた。

次に、阿見町の浅野祐一さんの畑を訪問した。浅野さんは、福岡正信さんの自然農の方法を自分の畑で実践し、専業農家として野菜を中心に栽培しておられた。これが、私にとって初めての自然農の畑との出会いだった。耕作放棄地と見分けがつかないような草むらの、そこだよと教えてもらったところに、確かに野菜が育っている。一方、まわりの慣行栽培の農地ではほとんど雑草がなかった。見比べてみると浅野さんの畑のほうが地面が高い。しばらく雨が降らず乾燥すると、周囲の農地から表土が風に巻き上げられて飛んでくるらしく、「何もしなくても、いい土が勝手に飛んでくる」と笑っておられた。その結果が、高低差として現れているのだ。それだけではない。浅野さんの畑は柔らかい。細い棒を畑に差し込むと、簡単に1メートルくらいの深さまで刺さってしまった。

さて、土壌生態学者にとってはなにより地面である。雑草に囲まれた野菜のとなりをかき分けると、びっしりとミミズの糞があった。さらに地面を掘ると、深さ10センチくらいまで、なんと糞団粒が層となって重なっている。これには大変驚いた。彼の畑のあるあたりは、関東ロームとよばれる火山灰を起源とする、黒色土というタイプの土壌が分布している。私はそれまでの経験で、黒色

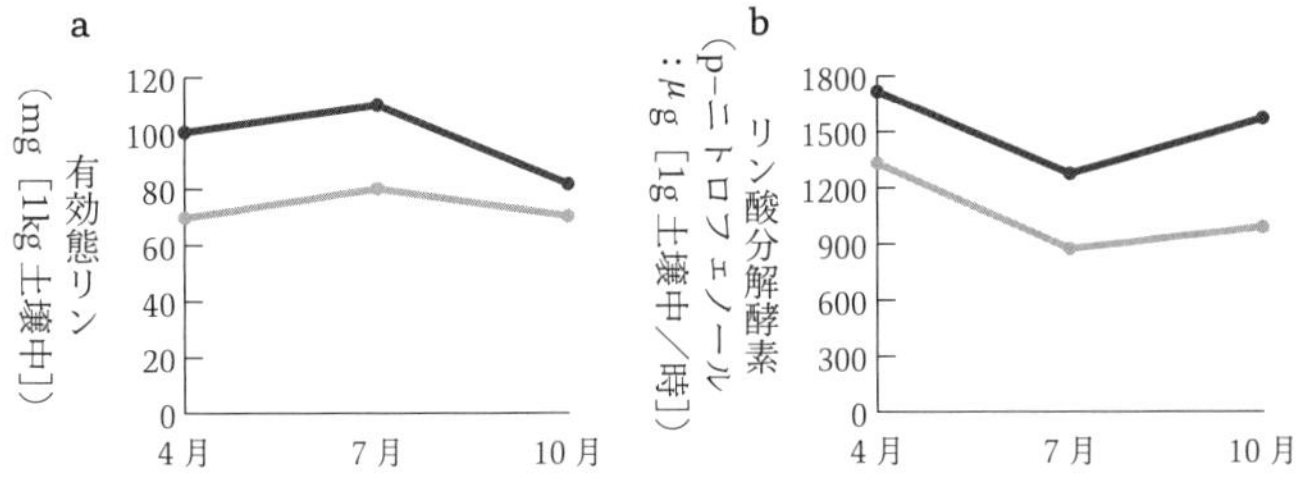

図10－1　ミミズの多い浅野さんの畑（黒色）とミミズのいない茨城大学附属農場の不耕起畑（灰色）の（a）有効態リンの比較、（b）微生物の体に保持されているリンの比較

土の森林にはあまりミミズがいないのだと思っていた。しかし、浅野さんの畑の糞団粒を目の当たりにして、これだけ糞が集積するのだから、ここには相当たくさんのミミズがいるらしいと考えを改めた。

浅野さんの人柄もさることながら、畑の地面の様子にすっかり感銘を受け、さっそく当時修士課程の学生だった三浦季子さんと一緒に、浅野さんの畑とミミズがほとんどいない附属農場の土壌を調べてみた[1]。浅野さんの畑には1平方メートル当たり31頭のミミズがいて、6種類が確認できた。体重を計ると1平方メートル当たり34・1グラムと、農地としては大きな値であった。

さらに土壌を分析してみると、ミミズの活動によってリンの利用可能性が高まっていることがわかった（図10－1）。植物が利用可能なリンとリン酸分解酵素の活性を3回にわたって測定してみると、ミミズのいる浅野さんの畑のほうが、同じく不耕起だがミミズがいない畑に比べてどの時期も大きな値を示したのだ。黒色土では、リンがあっても土壌に強く吸着されているので植物はなかなか利用できない。実際、一般的な黒色土の畑ではリンを含む化学肥料を大量に使っている。リン酸の分解酵素の活性が高いことは、黒色土にリン肥料を外部から投入しなくても、畑にある有機物の分解が促進され、畑の中でリンが効率よく循環することを意味している。

なぜ、高松さんの竹林や浅野さんの畑ではミミズと糞団粒が多いのだろうか？　例によってミミズになったつもりで浅野さんの自然農の畑を他の管理の畑と比べると、その棲み心地には大きな違いがある。ミミズの大敵である耕耘は二人の農地では行われていない。そして、地面が裸にならず、さまざまな種類の植物が年中繁茂しているので、ミミズの餌となる落葉や根の枯れたものが大量にある。したがってミミズにとって攪乱がなく餌がある、とても棲みごこちがよい環境となっていたのだ。二人とも化学肥料や農薬をはじめとする外部の資材に頼らずに高品質の農作物を栽培できていたのは、ミミズをはじめとする土壌生物の活動のおかげであろうと考えた。

すでに、世界中の研究を集めて、ミミズの糞の肥沃度を明らかにした研究がある（図10－2）[2]。これは糞とそのまわりの土を比較したものであるが、糞の中では有機物や窒素が多く、浅野さんの畑で私たちが調べたとおり、リン酸も多くなっていることがわかる。

農業政策の「グリーン化」と方法論の欠如

農業は工業生産とは違い、農地の生物間相互作用と環境の影響を強く受ける。近代農業は、それらの影響をなるべく受けないように技術開発を行ってきた。化学合成農薬、化学肥料、農業機械、灌漑そして品種改良を駆使する農法は「緑の革命」と呼ばれ、面積当たりの収穫量を飛躍的に向上させてきた。その一方で、農薬による農家や生態系への被害、化学肥料による農地まわりの水界の富栄養化、灌漑水に含まれる塩分による土壌の塩類化、農作物の種の均一化などの問題を生じさせてきた。地球規模での資源の枯渇や汚染、食料や人口の問題が顕在化する中で、「緑の革命」が牽引してきた農業のあり方が持続可能なものなのか、大きな見直しが求められるようになった。

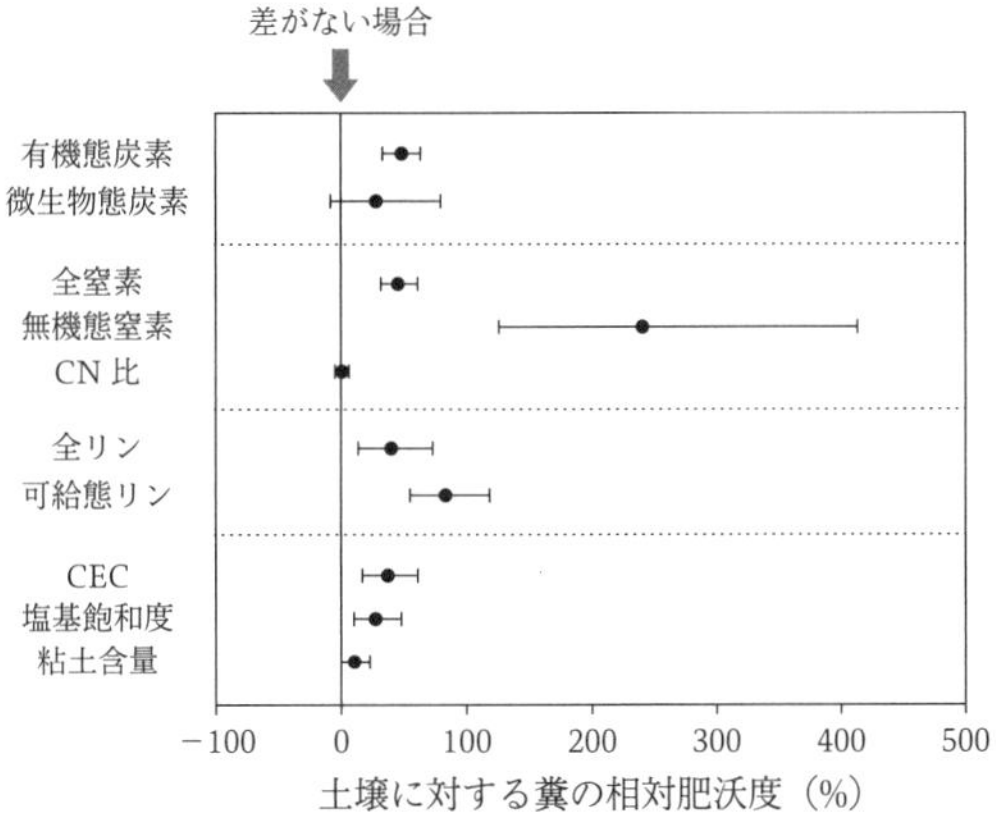

図10－2　世界各地の研究例のまとめによるミミズ糞とそのまわりの土壌の化学性の比較［文献（2）を元に作成］

「緑の革命」の弊害に早くから気がついた人々もいた。『わら一本の革命』[3]を書いた福岡正信さんや、世界救世教を創始した岡田茂吉さんなどが、外部から投入する肥料に頼らず、地面を耕さず、雑草さえも農地の仲間として管理する農法を実践した。また、農薬の薬害を経験して有機農業に転換した人たちも多い。農業の近代化の流れに比べて有機農業の広がりはわずかであったが、拡大とともに手法が多様化するにつれ、次第にどんな栽培を有機農業と呼ぶべきかが問題となっていった。

有機農業への関心の高まりを受けて、日本では2

006年に「有機農業の推進に関する法律（有機農業推進法）」が制定された。そこでは、「この法律において「有機農業」とは、化学的に合成された肥料及び農薬を使用しないこと並びに遺伝子組換え技術を利用しないことを基本として、農業生産に由来する環境への負荷をできる限り低減した農業生産の方法を用いて行われる農業をいう」と定義されている。

この法律により国の研究機関でも有機農業の研究を進めることになったが、日本における有機農業の栽培面積はなかなか拡大しなかった。有機農産物と表示して販売するには有機ＪＡＳ認証を取得する必要がある。残念ながら最近になっても、認証を受けた農地と、未承認だが実際は有機農業で管理されている農地を合わせて、日本の農地のわずか約０・６％しかない。

農林水産省は２０２１年に「みどりの食料システム戦略」を公表し、長期的な目標のもとで、スマート農業の推進や、生産者、流通、消費者の連携などを重点的に進めることとした。その中で注目を集めたのが、有機農業面積を２０５０年までに日本の農地の25％に拡大するという数値目標である。これは２０２０年頃からＥＵで始まった「欧州グリーンディール」政策や、アメリカの「新農業プラン」における化学肥料や農薬の削減、有機農業の拡大といった政策に歩調を合わせるものである。これまで有機農業に関しては消極的な政策を続けてきた農林水産省の大きな政策転換と見なすことができる。

問題は、本当に２０５０年までに日本の有機農業面積を現在のおよそ50倍に拡大することが可能だろうか、という点である。世界的に見れば有機農業面積が拡大し、マーケットも順調に伸びているが、[4]日本ではそうなってはいない。ではどうやって有機農業を推進したらよいのだろうか？　有機農業推進法にはその答えはなく、ただ有機農業における禁止事項が書かれているのみである。しかし、日本の環境にあった有機農法が具体的に示されないままでは、多くの農家が有機農業への転換をためらうのは当然であろう。それは研究機関が率先してやるべきことであり、本来の私の専門ではない。しかし私は、「日本にあった有機農法」の答えが、世界で拡大しているミミズを大切にする農法にあると考えている。

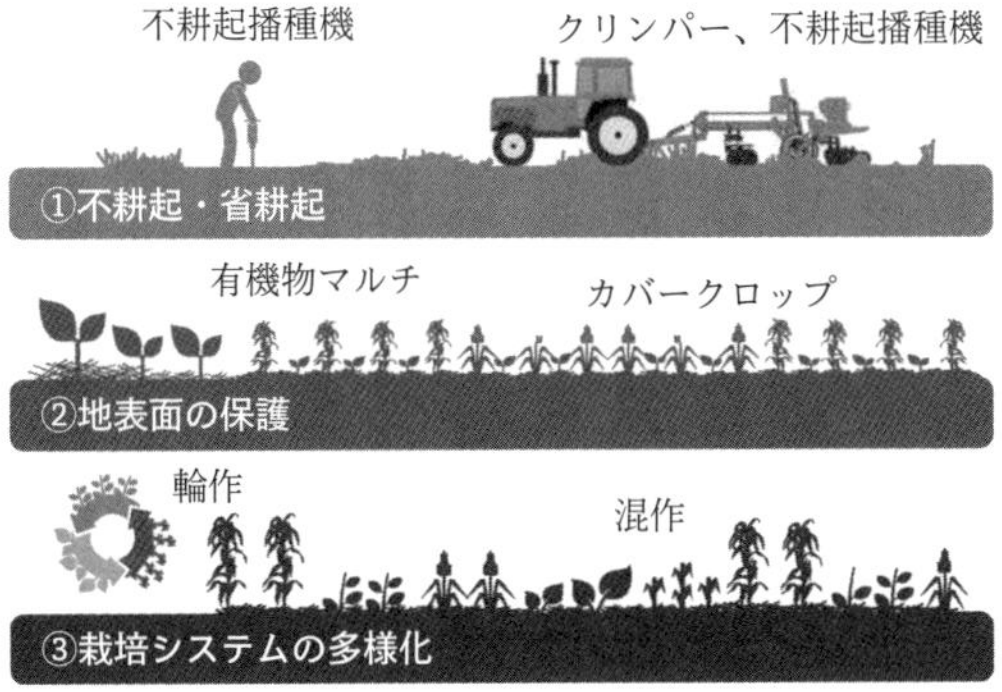

図10－3　保全農法の３原則［文献（5）を元に作成］

保全農法の拡大

今、「保全農法」と呼ばれる農法が世界中で急速に拡大している。保全農法とは、以下の三つの管理を同時に行う農法である（図10－3）[5]。まず、農地をほとんど耕さないか（不耕起）、農地を部分的に筋状に耕したり浅く耕したりする管理（省耕起）を行う。並行して、カバークロップや敷き藁で地面が3割以上裸にならないよう植生を管理する。そして3種類以上の作物を次々栽培するか（輪作）、異なる作物を同時に栽培する（混作）。２０１５年までに、保

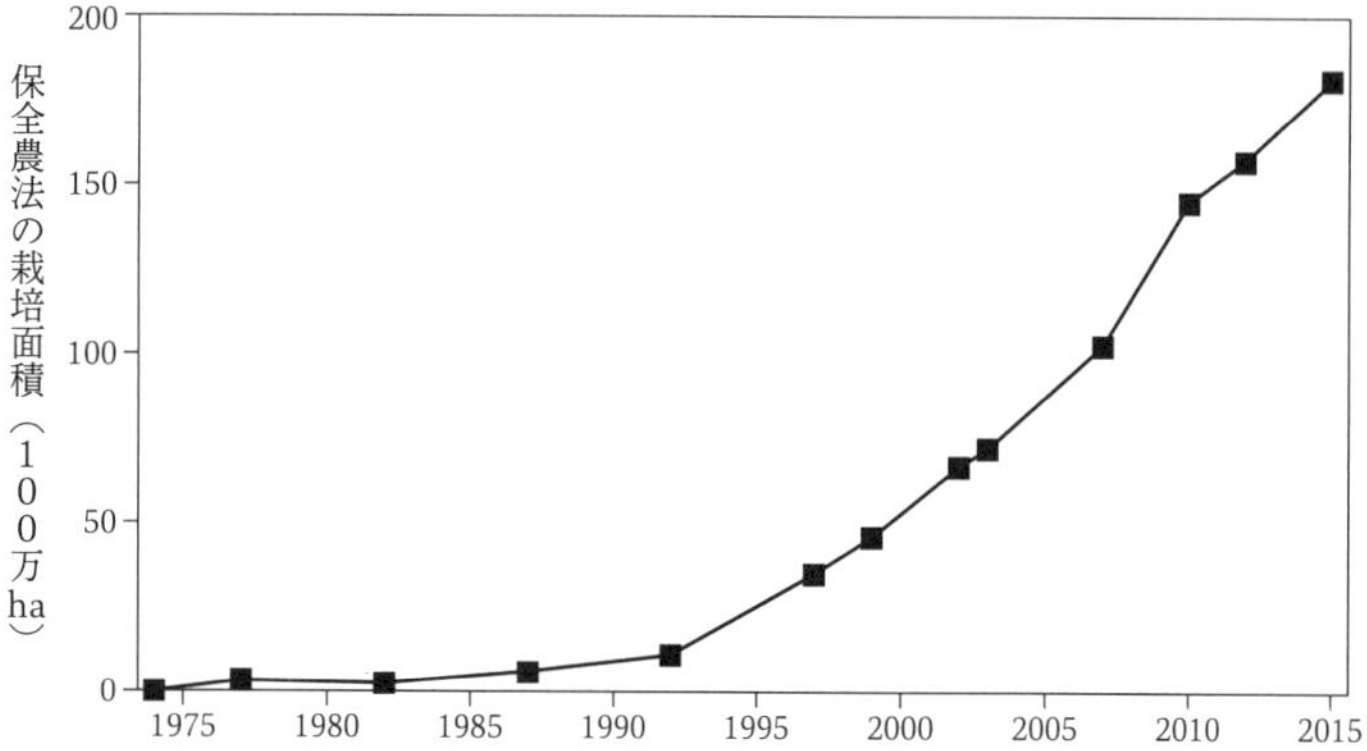

図10－4　世界の保全農法栽培面積の変化［文献（6）を一部改変］

全農法の農地は世界全体で１億８０００万ヘクタールに拡大し、直近では年に１０００万ヘクタールずつ増加している（**図10－4**[6]）。隣の中国でも９００万ヘクタールに拡大している。日本の自然農や自然栽培の農地は保全農法の範疇に入ると思うが、日本で保全農法の農地がどれくらいあるかについてこの論文には書かれていない。国連食糧農業機関（ＦＡＯ）は、世界の農業を支える小規模・家族農業に対しては、農地を守り、農家の収入を安定させる農法として「保全農法」が最適であるとして普及を図っている。もちろん、裏を返せば大規模農業に適用するには課題が多いということだろうが、それでもすでにこれほど保全農法が拡大しているのは意外ではないだろうか。

日本で農家や農業関係者を相手に「世界で不耕起栽培が拡大している」という話をすると、ほとんどの場合とても驚かれ、次に必ず「日本では不耕起栽培は無理である」という反応が返ってくる。「農地を耕さないと土が固くなるし、化学肥料や堆肥、そして緑肥は土の中に鋤き混まないといけないから、不耕起などという農法はありえない」とまで言われてしまう。

実際には、アメリカの大規模農業で綿花、小麦、コーン、大豆を栽培する場合、すでに全土の面積の半分が、完全な不耕起か、あるいは数年に一度しか耕起しない管理に移行している[7]。なぜ農地を不耕起にするかというと、耕すことで土壌が「劣化」するためである。収穫した後の農地を耕すと裸地になる。雨が降ると、表土が水とともに移動し、ひどい場合は川に流れ込む（水食）。耕すことで団粒が破壊され、土壌がこまかい粒子となって雨水で容易に移動するようになる。

図10－5　不耕起・草生栽培の土（右）と耕耘した土（左）の違い。瓶に土と水を入れて軽く振った直後（a）、5分後（b）、10分後（c）、24時間後（d）の様子。不耕起栽培では、耐水性団粒が発達するので土がすみやかに沈降するが、耕すと団粒が壊れるのでいつまでも水が濁っている。そのため雨が降ると耕耘した畑からは土粒子が流出する

団粒の有無が土壌の性状をいかに変えるのだろうか。**図10－5**は、福島県二本松市で2021年の3月から、耕作放棄地をそのまま不耕起・草生で管理している畑と、その隣でトラクターを使って耕耘した畑の表土を瓶に入れたものである。どちらも同

じ品種のトマトを育て、半年たったときに表土をとって水とともに瓶に入れ、軽く水と混ぜてみた。不耕起の表土はミミズをはじめとする生物の働きで耐水性団粒が形成され、水の濁りが少ない。対照的に、春に三度トラクターで耕して、ビニールマルチを敷いて栽培した耕起の土壌は、瓶の水が長い時間濁っている。もしマルチがなかったらひと雨ごとに表土が水に流され、地面の下方に移動した土壌粒子が土壌の隙間を埋めたであろう。マルチのおかげで夏の間は土が柔らかいが、収穫が終わってマルチを剝ぐと冬の間は裸地となり風雨にさらされてしまう。

裸地となった農地に雨が降ると水食が起き、乾燥すると表土が風に舞い上がる。これを風食という。なおこれらを一般に「土壌浸食」と書くことが多いが、これは正確には水食だけを指すので、どちらも指す場合は「土壌侵食」と書くほうがよい。日本に春先飛んでくる黄砂は、中国の黄土高原から風食で長い距離を飛んできた表土である。肥沃な表土が侵食によって失われると、農業生産力が低下する。すると化学肥料の量を増やしてさらに耕すことになるので、土壌生物が減少し、耐水性団粒ができなくなり、土壌劣化がますます進行するという悪循環に陥る。

こうして、アメリカでは土壌侵食を防ぐために不耕起栽培が取り入れられた。ただし、その実態はさきほど紹介した高松さんや浅野さんの事例とは大きく異なる。耕起には除草効果、すなわち雑草をひっくり返して土に埋めることで雑草を抑制する効果があったが、不耕起では雑草を抑制できない。そこで除草剤の出番である。除草剤を撒いても枯れないように遺伝子組換えをした種子と強力な除草剤、そして不耕起の組み合わせがアメリカの大型農業の中心である。残念なことに、せっかく土壌保全を目的として不耕起栽培に切り替えたのに、散布された除草剤のせいで、農地はほとんどの部分が裸地である。そのため、結局は土壌侵食を抑制できず、土壌劣化も続いている。

保全農法として、他にどんな方法がありうるだろう。ここまでは畑作を主に考えてきたが、放牧の方法も変化し始めている。たとえば、家畜の群れをわざと狭いところに集めて、毎日草を食べる場所を移動させる集約管理や、作物を栽培する農地に家畜をいきなり放牧する方法など、農地を生態系として捉えるホーリスティックな管理が注目され、拡大している。その根本にあるのは、作物や家畜だけを見るのではなく、土壌を基盤とした生態系として畑地や放牧地を捉える考え方だ。

茨城で私が目にしたような、不耕起栽培で小麦や雑草が一緒に生えている農地は、ミミズにとって快適な環境である。落葉や根を介した有機物の供給があり、ミミズをはじめとする土壌生物が利用できる餌が豊富にある。一種類の作物でなく多様な植物が生えているので、餌としての有機物の種類が多く、根の形や深さも違う。攪乱が少なく多様な餌が深くまで分布しているおかげで、驚くほど見事なミミズの糞団粒が地面を覆っていた。その結果、土壌保全の機能も高い。常に植物や落葉で覆われているので地面が保護され、土壌侵食が生じない。雨水は地表を流れず地中に浸透し、乾燥しても表土が風に飛ぶことはない。

保全農法が保全するのは土壌であり、土壌の生き物たちである。これが保全農法の基盤となる考え方であり、ここまでは共通している。しかしその先は、各地の土壌と生態系を知ることから始める必要がある。環境の異なる海外の先行手法をただ導入すればよいというものではない。その効果や拡大方法については、いまだ模索の途上にあると言えるだろう。

耕すことで何が失われるのか

土の生き物たちは植物が光合成で固定した有機物を餌として生きているが、さまざまな形で植物の生育を助けてもいる。私たちは植物の地面から上の部分、つまり枝葉や花、実しか目にしていないが、植物の体の半分は土の中にあり、土の生き物たちと密接な関係を持っている。この関係は植物が陸上に進出したときから長い時間をかけて形成されたものだ。人類が農業を始めるようになるまで、土は、狭くて、暗くて、湿っていて、めったに攪乱されることなく、ずっと安定していた。そのような土をもつ森林や自然の草原では、もちろん肥料や農薬を使用しないだけでなく、地面を耕すこともないが、植物群落全体による光合成速度は農地の作物に比べてはるかに速い。農業の基本とまで言われる「耕すこと」は本当に必要なのだろうか？

現在の一般的な農業では、収穫をした後に地面を耕し、収穫残渣や雑草、さらには緑肥まで地面に鋤き込む。ミミズにしてみれば突然地面が耕されるという物理的な攪乱もびっくりだが、突然枯れ葉や緑の植物の塊が土の中に大量に鋤き込まれることもまた、自然状態ではありえない現象だ。

土の生き物にとっては、裸地は温度変化が大きく、表層から乾燥していきやすい。土の乾燥は土壌生物にとって一番の敵なので、裸地になって表層から乾燥すると深い層へ逃げざるを得ない。土の中の有機物は表層ほど多く、深くなると減少する。したがって、乾燥を避けて深く潜ると餌となる有機物は少なくなる。こうして、耕されただけで、土壌生物にとってそこは棲みにくい環境になってしまう。

「緑の革命」の負の側面を反省し、「持続可能」な農業を改めて目指そうという今、必要なのは化学肥料や農薬の禁止という救いのない有機農業の押し付けではなく、その機能を代替しうる、ミミズをはじめとする土の生き物たちの働きを生かす農法の開発である。その基本はすでに「保全農法」で確認されている「土壌保全」である。

「保全農法」に関する研究は急速に進んでいる。初めてその内容を聞いた人が疑問に思うことに関しては実はほぼ答が出ている。

たとえば、「耕さないと土が固くなるのでは?」と問われれば、「耕さないほうが土の隙間は増加し、保水性と排水性という対立する土壌の機能を両立する土壌構造となる」と答えることができる。これは簡単に言うと団粒構造が発達した、ミミズの糞や根の多い土壌である。たいていの土壌学や農学の教科書の最初のほうに土壌団粒が大切であると書いてあるのに、そこから巻末まで読んでも、実は土壌団粒を増やす方法は書かれてこなかった。

農林水産省の指導では「緑肥は土壌をよくする」と教えられるが、せっかく緑肥を栽培してもトラクターで土に鋤き込まないと補助金が支給されないという、本末転倒の状況だった。しかし一部では鋤き込まずに土壌表面に敷くだけでもよくなってきた。本来、土に鋤き込むよりも、耕さずにその場に置いて分解させるほうが、土壌に蓄積される有機物の量が多くなり、土の状態はよくなる。

また、せっかく緑肥の根が土壌に隙間を作ってくれたのに、わざわざ耕すことでそれを破壊している。一方、保全農法の基本である不耕起管理では土壌構造の劣化がない。

「でも、不耕起では肥料をどうやって土壌に混入すればよいのだろう?」さきほど緑肥を「その場に敷く」と書いたが、この場合も特に何もしなくてもよい。不耕起・草生状態の畑地土壌では土壌生物の活動が盛んである。生物の多い土壌では、表層の有機物が盛んに消費され、勝手に土壌へと移動するのだ。たとえば、すでに説明した表層採食地中性のミミズは、ミミズの中でも大型でたくさんの餌を食べる種で、夜間に地表に体を出しては有機物を食べるために地中に引っ張り込む。他にも小さな土壌生物たちが表層の有機物を営々と土壌に移動させている。

「雑草はどうすればいいのか?」　雑草管理は農業の長年の課題である。農業機械や除草剤が発明されるまで、人類は草を抜き耕すことで農作物が雑草との競争に負けないようにと苦心してきた。一生懸命耕すのは、雑草を土の深いところに埋め込み、そこで枯れてしまうようにするためであった。一方、日本の自然農や自然栽培の農家は、雑草を刈ってその場に置くことで農作物と雑草の競争を調整している。ただし、この方法は農作物の発育段階や雑草の種類によって調整する必要があり、耕耘のような画一的な管理とはならないので、規模の大きい栽培は難しい。また、カバークロップを栽培し、雑草を抑制することで耕耘も除草剤も使わずに雑草を抑制する方法が開発され、普及している。

たとえば、アメリカのロデール研究所では、ライ麦を秋の間に蒔いて、春先に結実するまで育てるという手法を実践している。種子を指でつぶすとまだ白い汁が出るくらいの未熟な段階でライ麦を刈らずに倒すと、ライ麦はもう立ち上がってこず、その場で枯れていく。トラクターの前にローラークリンパーという刃のついた重いローラーをつけてライ麦を一方向に倒し、トラクターの後ろに不耕起播種機をとりつけて大豆やトウモロコシの種子をライ麦の層の下に播種する。種子のサイズが大きいこれらの作物は倒れたライ麦をかきわけて発芽することができる。雑草はライ麦に光を遮られて発芽できない。また、ライ麦を倒すとライ麦からしばらく発芽抑制物質が出るので、作物と同時に芽を出そうとする雑草が出遅れる。それぞれビニールマルチや除草剤に比べると「弱い」方法だが、環境負荷がまったくない上に、土壌保全の効果は高い。

一般的な耕耘の場合は、播種前にまず耕して収穫残渣を土に鋤き込み、化学肥料や堆肥を土に混ぜるためにさらに耕し、播種のために畑の上を走ってと、最低3回はトラクターで同じ場所を通らないといけない。しかし、前年の収穫残渣の上からライ麦を不耕起播種機で蒔いておき、後日ローラークリンパーと不耕起播種機で作物を蒔く方法は2回で済むのだ。広い面積を管理する場合、燃料代と作業時間の節約は大きな効果をもたらす（図10−6）。

ミミズの無念の死と再生型有機農業

茨城大学附属農場の試験地は、日本でもっとも長期にわたり維持され、科学的なデータが集積されている不耕起試験地である。小松﨑さんとの共同研究もおかげさまで10年以上続いているが、最

図10－6　ローラークリンパー。カバークロップを、刈り取らずに倒して枯らす［自然農法無の会撮影］。

初の頃はいろんな失敗もあった。たとえば、浅野さんの畑に感銘を受けた私たちは、農場の試験地にミミズがほとんどいないことを知って、ミミズを他の場所から連れてこようとした。当時、カバークロップとして冬から春にかけて、ライ麦とヘアリーベッチというレンゲより大きくなるマメ科の緑肥を使っていた。今から考えるとその繁茂量はわずかで、大豆の種蒔きの前にカバークロップを刈って地面に敷いても裸地の面積のほうが多い状況であった。そこに隣の森林で採取したミミズ等を連れてきて導入したのだが、翌日には地面で乾涸びているような状態で、まったく定着してくれなかった。水平方向へのミミズの自然な移動はとても遅い。地上の動物たちと違って、あそこにいい棲み場所があるから行ってみようというわけにはいかない。そのため、実験のために他の場所から連れてきたのは仕方なかったのだが、当時の試験地はそもそも保全農法の条件を満たすような畑の状態ではなかったのだ。ミミズにとっては、地面が硬いし、落葉も根も少ない場所に無理やり連れてこられ、さっさと別の場所に移動しようとして地面で死んでしまったのだろう。申し訳ないことをしてしまったが、あれから私たちの研究もそれなりに進み、農場のカバークロップもよく茂るようになった。

現在、日本では耕作放棄地の拡大が問題となっている。農業の担い手がいないのだから、農地も不要になるのかもしれない。一方で、半農半Xの形で最初から兼業で農業をやりたい人や、家族のために自給できる分の農作物を作りたいという人も増えている。耕作放棄された農地は、考えてみると不耕起の状態でしばらく時間がたっていることになる。日本では放っておくとやがて森林に戻るところが多いと思うが、放棄されて6、7年くらいならば木が生えていることは少ない。その代わり、攪乱がなくなり草が繁茂することで、ミミズがたくさん棲むようになっているだろう。このような農地で農業を再開するとなると、また機械を入れて一生懸命耕すことになる。せっかく団粒構造が発達し、団粒をさらに作ってくれる土壌生物も多くなったのに、たった1回でも耕すと団粒が壊れ、土壌生物たちも数が減ってしまう。その速度はゆるやかとはいえ、また土壌劣化の始まりである。そうではなく、耕作放棄された農地を不耕起・草生で管理すれば、土壌の構造を生かし土壌生物の働きを活用できる。「みどり戦略」の数値目標を達成するためには、ミミズが棲む農地を増やせばよいのだ。

ミミズから見た農法の整理

ＦＡＯの保全農法に限らず、環境保全を謳う農法は実に多い。そこでミミズの立場からいくつかの農法を整理してみたいと思う（表10－1）。

	有機 JAS	環境保全型農業	環境再生型農業※1	保全農法※2	環境再生型有機農業※3	自然農
農薬	禁止	削減	使用	削減	禁止	使用しない
化学肥料	禁止	削減	使用	削減	禁止	使用しない
除草剤	禁止	使用	使用	削減	禁止	使用しない
耕起	耕起	耕起	不耕起 省耕起	不耕起 省耕起	不耕起 省耕起	不耕起 省耕起
カバークロップ		推奨	推奨	必須	必須	雑草利用必須
有機物マルチ			推奨	必須	必須	必須
輪作・混作				必須	必須	使用しない
遺伝子組換え	禁止		使用		禁止	

絶対的技術（農薬〜耕起）

場に応じた技術（カバークロップ〜遺伝子組換え）

土壌生物は保全できない

カバークロップ活用 →

耕うんをやめる →

除草剤をやめる →

農薬、化学肥料をやめる →

※1　Regenerative Agriculture

※2　Conservation Agriculture

※3　Regenerative Organic Agriculture

表 10－1　保全的な農法とそれぞれの特徴。一口に保全的な農法と言っても、その内実は大きく異なる。農薬や化学肥料、耕起は、誰が使っても同じ効果がある「絶対的技術」である。カバークロップ、不耕起、除草剤の不使用と順に保全的な農法に転換すると、最終的に農薬や化学肥料に頼らなくてよくなるが、これらは「場に応じた技術」であり、効果は一定ではない。また、土壌生物は耕起するだけで保全できなくなるため、農薬や化学肥料の使用の有無だけが保全農法の論点ではない

日本の有機ＪＡＳは、何度も言うように禁止事項だけであり、農法とは言い難いが、日本で有機農産物を販売するには有機ＪＡＳに基づく認証を受ける必要がある。農林水産省が提唱している「環境保全型農業」は、慣行栽培を基準としてそこからどれくらい農薬や化学肥料を削減したかを示すことになっている。ただし、農薬や化学肥料の削減がいったい何につながるのかは示されていない。

最近急速に世界中で広がっているのが、第7章で紹介したRegenerative Agriculture（ここでは環境再生型農業と訳しておこう）である。世界的な食品企業はこぞって環境再生型農業を推進していると宣伝するようになった。Regenerative Agricultureの定義は、実はまだ確定していない。環境再生型の農法には、不耕起や省耕起、カバークロップや輪作といった保全農法の要素や、家畜の導入といった農法の転換を含む。ただし、農薬や化学肥料を否定するものではない。とくに不耕起栽培では除草剤の使用が前提となっている。このような農法で「再生」されるのは慣行農法で劣化した土である。そして、大気の二酸化炭素を土壌有機物の形で土に蓄えることができるので、気候変動対策になるというのが大きな売りである。これは不耕起栽培の採用による部分が大きいが、私には除草剤を使う限り、土壌生態系が豊かになって土の機能が高まるようには思えない。むしろ、遺伝子組換え作物を積極的に使う立場の人たちが推進しているように思える。

表10－1の保全農法はＦＡＯが推進しているもので、ここでも特に農薬や化学肥料について制限はないが、土の管理の点では本書で見てきたように生物多様性を向上させることが期待できる。

Regenerative Organic Agriculture（環境再生型有機農業）は、ロデール研究所が使い始めた表現である。Regenerative Agricultureと似ていて紛らわしいが、農薬、化学肥料、遺伝子組換え作物を使用しないと言う点で、Regenerative Agricultureとは明確に違う。

表10－1の一番下に日本の自然農のやり方を並べた。このように整理すると環境再生型有機農業と重なる部分が多いとわかる。

これらの農法は左のほうにあるものほど、土の生き物に対するストレスが大きい。耕したり、農薬・化学肥料を使うことは土壌生物の多様性を大きく損なっている。有機農業も除草剤を使う不耕起栽培も、ミミズにとって暮らしにくいことがわかる。

表の右側にあるものほど土壌生物の多様性や数量が増す。それとともに土壌生物たちの働きも増すので、肥料の投入や農薬の使用に頼らなくてもよくなる。ミミズの農業改革とは、ミミズが暮らせる土の状態を考えて農法として落とし込むことなのである。

第11章　無理のない転換のために

耕作放棄地＋ライ麦＋カラス

さて、ここまで読んでこられたみなさんには、「有機農業」といえど土壌生物にとっては理想の農法ではないことがわかっていただけたと思う。農薬や化学肥料を使わず「環境にやさしい」だけではだめなのだ。「有機農業」は、「耕す」という行為と、雑草を抜いて圃場の外に持ち出し、裸地を作るという行為が土壌生物にとって問題となる。この二点は、有機農業でも慣行農業でも変わらずに行われている「蛮行」だったのだ。

とはいえ、理屈をこねて不耕起がよいとか地面を保護する草生栽培がよいとか言うだけでは世の中はそう簡単には変わらないだろう。しかし現に、日本以外の国では着実に何らかの「保全農法」が広がっており、単なる理想論の域はとうに脱している。では、日本の環境に適した保全農法はどのようなものなのか？　新しい農法を自前の農地で模索するのは、短期的には農家にとってリスクになるだろう。しかしもし日本に合う保全農法がわかってくれば、ハードルが下がるのではないか。本来はこのような研究開発は公的な農業研究機関で行うべきである。しかし、国の「みどり戦略」も「保全農法」に舵を切る兆しはない。

やはり、これは自分で実験するしかない。というわけで、これまで紹介してきた横浜国立大学キャンパスの（無許可）試験圃場だけでなく、茨城大学や明治大学の農場、そして福島県内の除染済みの畑で試験栽培を行ってきた。作物は、世界中で実験の際に作られていて、私のような素人にも栽培が簡単だろうという理由で小麦と大豆を選んだ。しかし、この栽培試験がなかなかうまくいかない。やはり雑草のほうがよく育ったり、野生のサルに大豆を全部食べられたりしたこともあった。うまくいかない理由は明らかに私に農家のような栽培技術がないことである。農業の現場では実にさまざまな技術や知恵を駆使して農作物を育てているが、農家ではない私が農家も満足するように栽培することはとても難しかった。もし毎日少しずつでも管理の手間をかけられ、近くの農家の助言や支援が得られれば、もっとうまく栽培できるのではないかと思っていた。

そんな時、大学のキャンパスからほど近い二本松市在住の根本敬さんから、新規就農者のための実習農場を作りたいので手を貸してほしいと声をかけられた。根本さんは福島県農民連の会長で、全国農民連が推進しているグリホサート（除草剤）、ネオニコチノイド（殺虫剤）の使用反対運動や、家族農業ネットワークの活動を県内でも推進している。その勉強会の講師として招かれたのがきっかけであった。

私は農業補助金のことはまったく知らなかったのだが、中山間地域等直接支払制度などの補助金をうまく使うと、農場を借りて敷地内に学舎を建て、実習に使えるようになるらしい。根本さんは単に新規就農者を増やすのではなく、有機農業をやる人を集めたいという。それもIターンの就農者を、という希望があることが何回かの話し合いでわかってきた。

農場候補となる耕作放棄地はたくさんある。これは今の日本では全国どこでも同じであろう。何か所か見て回って決めた場所は、正面に安達太良山がどっしりと見える南西向きの斜面であった。「あだたら食農schoolfarm」と名付けられたこの小さな農場は、全体で0・6ヘクタールほどの広さで、10年以上作付けがされておらず、一面が外来種のツル植物であるアレチウリで覆われていた。2020年の秋、私は「根本さん、だまされたと思ってアレチウリの上からライ麦を蒔いて、そのあと耕さずにアレチウリやその他の雑草をモアで処理してください」とお願いして、ライ麦の種子を蒔いてもらった。モアというのは、地面に生えている作物や雑草をバラバラにする草刈り機で、トラクターに装着して使う。まず耕さないまま播種をして、その後にモアをつけたトラクターで走り回るとその振動で種子が地面に落ちる。そしてバラバラになった雑草は種子の上に落ち、種子を保護してくれるという算段である。

翌日、根本さんから電話がかかってきた。「金子さん、大変なことになっている。カラスの大群が来てライ麦を食べている！」。私もこれには驚いたが、「カラスが食べ尽くすことはないので、放っておきましょう」と返した。

翌春、柔らかな緑が農場の地面を覆うように育ってきた。今だから言うが、実はモアをかける前に雑草の上からライ麦を蒔いてカバークロップとして育てるということは、一度もやったことがないことだった。愛知県新城市の松沢さんが目の前で見せてくれた方法は、カブの種子を蒔いてから手押しのハンマーモアで雑草を刈る方法だった。それに、保全農法でカバークロップとして使われるライ麦を組み合わせてみたのだ。こんな詐欺まがいのはったりが、カラスの襲撃にも耐えてくれ、耕作放棄地再生の第一歩となった。

ライ麦畑を踏みつけて

有機不耕起を基本とする保全農法が開発されているアメリカでは、すでに述べたように大型トラクターの前にローラークリンパー(1)という装置を、トラクターの後ろに不耕起播種機をつけて、かなりのスピードでライ麦を押し倒しながら、同時に大豆やトウモロコシの種を蒔いていく。私は今、日本でこの方法の普及に取り組んでいるところだ。ただし、「あだたら食農 schoolfarm」の不耕起区は大して広くない。刈り払い機以外の農業機械は使わないつもりだったので、足踏みでライ麦を倒すフットクリンパーという道具をインターネットで見つけてきて、自分たちで作ってみることにした(**図11－1**)。長さ90センチくらいの角材にアングルという金具を取り付け、両端に紐を結んで持ち、角材を踏みつける時に金具のある面でライ麦を少し傷つけながら押し倒していく。一人でもできるが、二人が並んで息を合わせて踏む作業も楽しい。

ライ麦をカバークロップとして使う不耕起栽培の方法は、実によく考えられている。ライ麦は秋に播種すると、冬を越して春先からぐんぐんと伸び始める。穂が出て、実がまだ柔らかく、指で潰すと白い汁が出る時期（乳熟期）にクリンパーを使って押し倒すと、もはやライ麦は立ち上がってこない。この時期より早く押し倒すと、ライ麦はふたたび起き上がってきて伸び始める。また、押し倒さずに刈り倒すと切り株から芽が伸びてくるので、ふたたび刈らなくてはならない。乳熟期より遅く倒すと、次の作付けが遅れるし、種子が成熟するとその場に落ちて発芽してしまう。

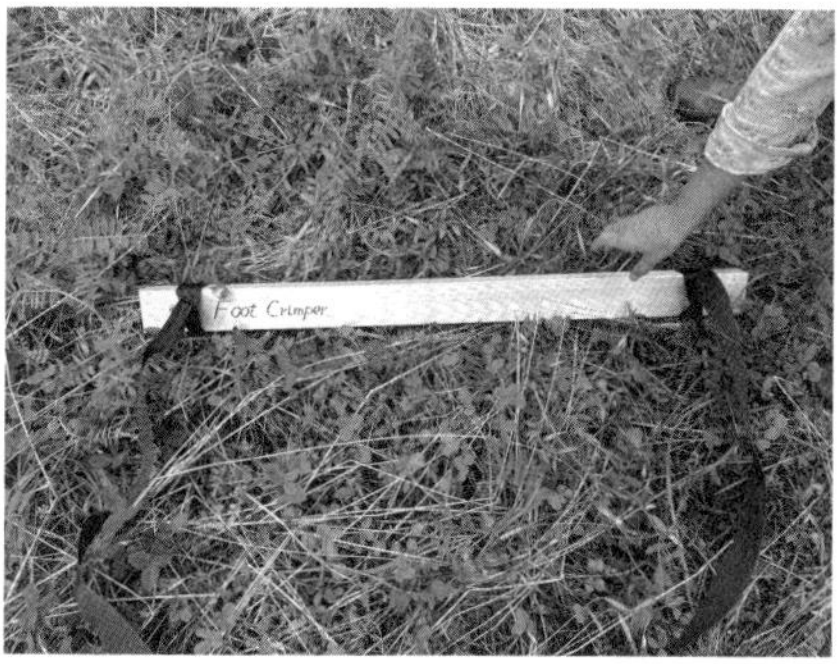

図11－1　フットクリンパー

カバークロップとしてのライ麦には三つの働きがある。ひとつは、地表面を厚く覆って保護することである。畑の畝が黒いビニールシートなどで覆われているのを見たことがあるだろう。農業ではマルチと呼ばれるが、有機物でマルチをすると土壌侵食を防ぐだけでなく、徐々に分解して土壌生物の餌になってくれる。もう一つは秋から翌春にかけて畑で作付けをしない間、生きている根が土の中に伸びて、光合成産物を根滲出物の形で土に供給することで根圏微生物を増やすことである。3番目の働きとして抑草がある。ライ麦が緑のまま地面に押し倒されると、春先に生育する雑草の種子が発芽を始めるのだが、徐々に枯れつつあるライ麦から発芽抑制物質が出される。また、マルチとして厚く地面を覆うことで光を奪い、雑草の生育条件を悪くしている。アメリカでは、乾燥重量で1平方メートル当たり1キログラムのライ麦を育てることができれば、その後に大豆を密植することで、別途除草をする必要がなくなることが確かめられている。[2] 注意したいのは、ライ麦は倒すだけで刈りはしないということだ。刈らずに押し倒すと、根はそのままなので茎が地面に固定されている。すると、後から入る農業機械の車輪にライ麦が巻き付かないし、倒れたライ麦が地面を風や雨で移動することもない。刈らずに一方向に倒すことで、大型機械で耕さずに農作業ができるようになっているのである。

なぜ耕すのか?

世界では耕さない農法が拡大していると日本の農業関係者にいくら説明しても、頭の入り口で「そんな農法はありえない」と拒否反応を示す。たしかに「農の基本はしっかり耕すことだ」と言われる。では、なぜ農業では耕すことが基本なのだろうか? 耕すことが担っている機能を、もう一度考え直してみよう。

畑作の場合、作付けをする際には、よほど排水性のよいところでない限りかならず畝を立てる。これには畝から通路への排水を確保するとともに、作物の生育中、人の通路と作物が育つ場所(床、ベッド)を明確に分ける効果がある。日当たりを考慮すると畝は南北方向に走ることになる。通路には少々雑草が生えてもよいが、床には雑草を生やしたくない。なぜなら、雑草は作物と生元素、水分、そして光を取り合うことで作物の生育を抑制するからだ。また、畝を立てることで土に酸素を取り込むことができるという説明もよくなされる。

雑草を抑制する手っ取り早い方法が耕耘だ。芽生えたばかりの雑草はさほど根も深くないので、土の表面を軽く耕すだけで根ごと抜けてしまう。有機農業にも使える除草機は水田でも畑でも大人気である。その機構は、太い針金や指状の柔らかい棒のようなもので地面を引っ掻き、雑草をひっかけたり地面の表層を物理的に掻き回したりするというものである。土の表面はこの除草作業によってふたたび攪乱される。その結果、非根圏の部分が広がって実は土が劣化するのだ。

他にも耕したくなる積極的な理由がある。土の中では物質の移動が困難である。肥料を地面に撒いても、根には届かない。植物をよく生長させるためには根が伸びる範囲に肥料を混ぜ込みたい。堆肥も同じことだ。しかし、自然の土は層構造になっており、有機物や根は表層ほど多く、深くなるほど減少する。生物活動が盛んなのは土のほんの表層だ。

作物の生育を解析すると、根が広く深く張るほうが地上部の生育もよくなる。土が硬く、表層に有機物や植物が利用可能な生元素が偏っていると、根が深くまで張らず、したがって生産力が低い。堆肥や肥料を深くまで混ぜ込んで、有機物と生元素に富む層を厚くすれば、生産力が上がる。トラクターが出現する前に、動物や機械で引っ張っていた鋤は、農業生産力を飛躍的に向上させた。

かくして世界中の農家が、農業のもっとも基本的な作業として、人力であれ動力であれ、ひたすら地面を耕し続けてきたのである。

「あだたら食農 schoolfarm」の挑戦

不耕起栽培を受け入れない人（特に専門家が多い）は実際に不耕起栽培を試したわけではない。専門家なら海外の文献を通して世界の動向が見えているはずなのだが。論より証拠、ならばやってみようと挑戦したものの、農業の専門家でもなく、栽培技術で劣る私には難しかった。そこへ幸いにも、「あだたら食農 schoolfarm」で、地元二本松市内の著名な有機農家である大内信一さんと佐藤佐市さんが指導してくれることになった。多くの農業関係者や研究者と違い、彼らは不耕起栽培に強い関心があった。そこで、農場の一部に根本さんの希望でオーガニックガーデンを作り、残った場所のおよそ半分は耕す有機栽培区として、もう半分を不耕起の有機栽培区として整備し、実習生を受け入れることにした。

私も新規就農者を増やしたいという気持ちはあったが、実習後すぐに新規就農を希望する人を、責任を持ってトレーニングすることは難しかった。また、新規就農を考える人には「あだたら食農 schoolfarm」以外にも選択肢がたくさんある。助成金が出るし、農業高校や農業大学校、農業短大などを出て就農することもできる。農家に研修生として入り、やがて独立してもよい。担い手が少ない現在、就農希望者はまさに金の卵だ。ただし、この場合、基本的には専業農家を養成することが想定されている。専門知識をもった農家が栽培面積を拡大し、大型機械を導入し、専業で効率よく栽培をする。これが、多くの農業関係者が思い描く新規就農者像だ。

「あだたら食農schoolfarm」では、このような教育はとてもできそうになかった。指導をしてくれるのは現役の農家なので、農繁期と実習がかち合うと本業を優先せざるを得ない。不耕起栽培は理屈では可能だが、産業として成り立つまでにはまだまだ課題もある。そこで、実習の回数は月1回程度とし、実習生は新規就農者に限定せず、広く募集することにした。

2020年の冬から2021年の2月にかけては、公開の勉強会を開催し、有機農業プラス不耕起栽培の重要性を共有した。その上で、根本さんを事務局長として何を栽培するかを指導者グループに考えてもらい、葉物野菜と果菜類を中心に年間計画を立てた。そして、3月に実習生を募集した。

初年度の会費は無料だが、有機栽培でかつ不耕起草生栽培という実績のない手法に挑戦することになる。事務局長はやる気を確かめるために希望者全員に面接をすると言っていたが、どんな人を合格とするかについては議論の時間もなかった。そのため「誰でも歓迎します」と募集したところ、3月の終わりまでに50名を超える応募があった。その内訳は、会社員や公務員で休日に農業体験をしたいという人から、現役農家、新規就農者、料理人、有機食品店経営者まで多岐にわたった。子どもと一緒に家族で参加するチームもあり、実習中はいつも子どもたちが走り回る農場となった。参加者の農業経験は、この農場で初めて種子を蒔いて収穫するところまで経験したという人から、名の知れたベテランの花農家まで実に多様だった。なお後者の花農家の方は、ここでの活動をきっかけに耕作放棄地で無肥料栽培に挑戦し、2年目には花を市場に出荷して、その品質が高く評価された。

不耕起区の土の劇的な変化

耕さずに作物を育てている農家は、日本にもたくさんいる。耕さないと言っても、種子や苗を植える時には地面に穴をあけたりはする。ただし必要最低限にし、地面の大部分はそのままにしておく。農作業を機械で行う場合には、直線的な作業のほうが効率がよい。不耕起栽培で種子を蒔くのも、普通の播種機を改良すれば可能である。日本でもすでに小型の播種機が開発されているし、アメリカの大型機械に取り付ける播種機が日本にも輸入されている。ライ麦マルチの場合は、ライ麦を倒した方向に播種機を引っ張ると、倒れたライ麦の間を機械が通り、円板で地面を切って溝を作るので、この溝に、種子や必要なら少量の肥料を落とすだけでよい。

「あだたら食農 schoolfarm」では、オーガニックガーデン、耕起区、不耕起区での実習を参加者が全員体験し、失敗したらそれを共有し、原因を一緒に考えることを原則とした。それとともに、私が土壌調査や土壌動物調査の指導を担当し、実習生と一緒にサンプルをとって土壌の変化を明らかにしていった。これらの活動から、耕さなくても作物が育つこと、耕さない分、農業作業の負担が減ることを実習生が体験することができた。

特に印象的だったのは、不耕起区の土壌が大きく変化したことだった。耕作放棄地で栽培を再開した2021年の春は、不耕起区の土はとても硬かった。先に耕起区でレタスやブロッコリーなどの春野菜の苗を植えてきた実習生は、不耕起区の土の硬さに閉口していた。また、耕した直後の土と違い、不耕起区の土では気をつけて植えないと硬い土と苗の間の密着が悪く、そのことが原因で枯れる苗も多かった。

9月になると、今度はハクサイやキャベツといった秋野菜の苗を植えた。春に野菜を苦労して植えた参加者たちから、今度は不耕起区の土の柔らかさに次々と歓声があがる。夏の間、旺盛に繁茂する雑草を何度も刈り、刈った草を地面におくことで、土が柔らかくなってきたのだ。10月になると分析用の土壌サンプリングを行った。土が柔らかいのは表層だけで、少し深い層はまだとても硬かった。

農業は毎年の繰り返しだ。2022年もほぼ同じ作付けを行った。10月、昨年土壌サンプリングをやってくれた人がサンプラーを押しながら歓声を上げた。あんなに硬かった土が、耕していないのに今年は深い層まで柔らかくなっていたのだ。

土の変化はとても遅い。にもかかわらず、「あだたら食農schoolfarm」の不耕起区の2年間の変化は驚くほどであった。1年目の秋にはすでに、耕起区よりも不耕起区のほうが0〜10㎝の層では炭素濃度（土壌有機物の指標）が高かったが、さらに2年目には10〜20㎝、20〜30㎝の層でも炭素濃度が上昇していた（図11－2上）[3]。よく麦類を畑に植えると根が深くまで伸びて土を柔らかくするというが、カバークロップとしてライ麦を採用したことで深い層まで根が伸び、確かに耕さなくても土の中の隙間と有機物量が増えていた。

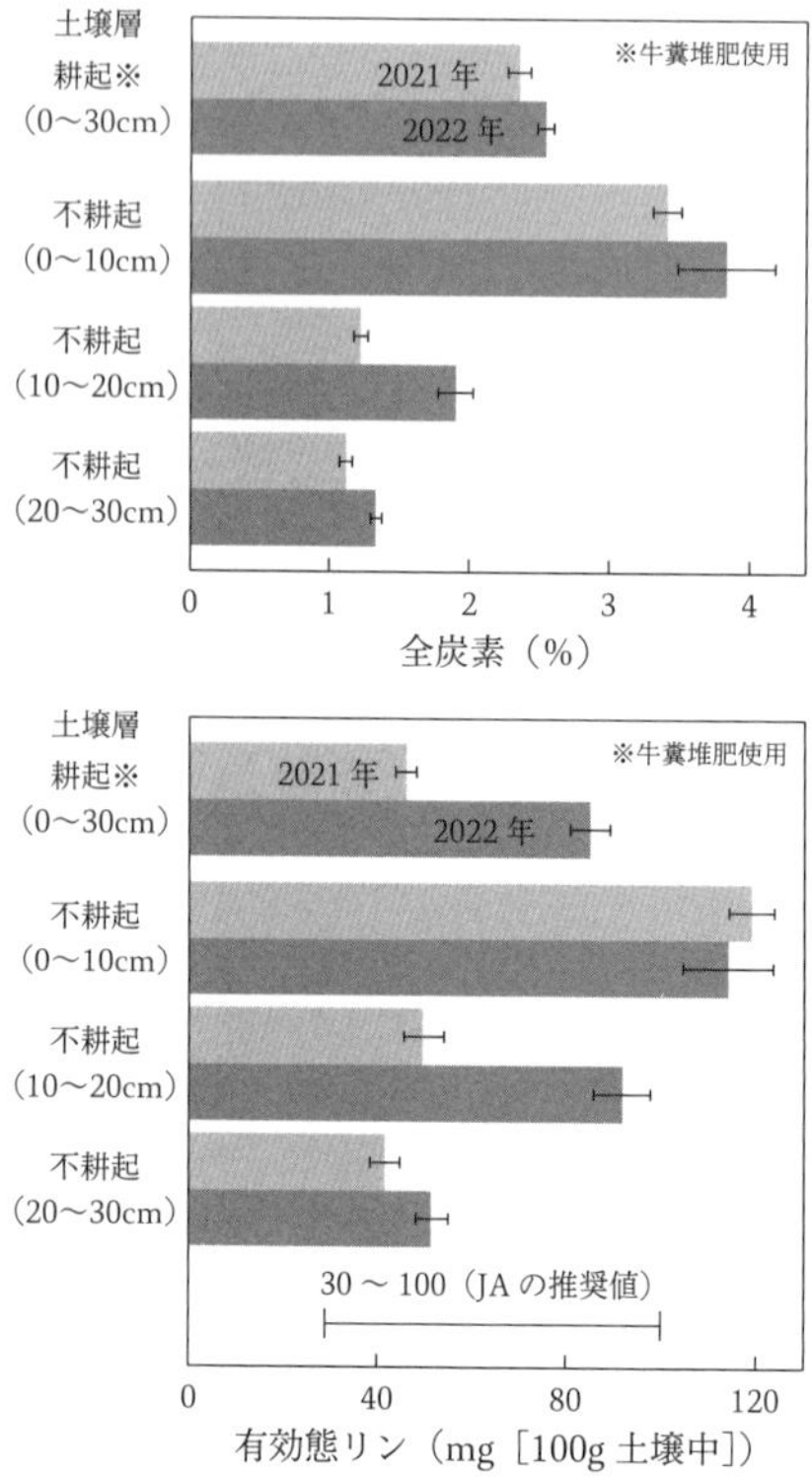

図 11－2　耕起区と不耕起区の土の変化。あだたら食農 school farm で、牛糞堆肥（1 年目は 4ton/10a、2 年目は 2ton/10a）を使用し耕起を行った土壌と、不耕起栽培を行った土壌の全炭素と有効態リンの量を比較している。不耕起の土壌では、耕していなくても時間とともに深部の全炭素と有効態リンの量が増加している［文献（3）を元に作成］

窒素やリンといった生元素の変化はどうだろう。土壌中のあらゆる形態の窒素分を「全窒素」という。そのほとんどが土壌有機物に含まれる有機態の窒素で、すぐには植物の根には吸収されない。これはどちらの処理区でも全炭素の変化と同じように変化していた。一方、硝酸態窒素やアンモニア態窒素は化学肥料にも含まれていて、植物に直ちに吸収される。アンモニア態窒素の変化は不耕起区の表層で大きく低下したことを除いて変化が少なかったが、硝酸態窒素は耕起区で大きく低下した一方、不耕起区では2年目のほうが上昇し、表層では不耕起区のほうが耕起区よりやや高くなった。なお今回、耕起区では1年目10アール当たり4トンの、2年目には2トンの牛糞堆肥を投入して耕耘している。これは有機農業の管理では標準的である。一方、不耕起栽培では自分たちで作った籾殻堆肥（材料は籾殻、米糠、土と水）を植え付けのときに苗のまわりに少量使用しただけであった。これは、本当は籾殻堆肥をたくさん散布したかったが、人力で撒くのは大変なので、サボっただけである。つまり、耕起区のほうが多くの堆肥を用いることになったのに、硝酸態窒素についてはむしろ耕起区で低下していたことになる。

窒素と同様に、土の中で不足しがちと言われるリンは、可給態という形態のリン（リン酸）を肥沃度の指標とする。驚くことに、不耕起の土には肥料としてはリンをほとんど投入していないにもかかわらず、リン酸濃度が高くなっていた。その濃度は慣行農業の農地で標準とされる濃度をやや上回るほどであった（図11－2下）。

この変化はこれまで考えてきたことですべて説明できる。すなわち、まず押し倒されたライ麦や刈られた雑草をはじめとする植物の地上部からの有機物や、地面全体に広がる植物の根から供給された根滲出物を起点として、土壌中の食物網が豊かになる。微生物が増え、微生物を食べる動物が増える。また、落葉や根などの枯死した有機物を食べるミミズなどの動物も増える（図11－3）。ミミズは地中を動き回って隙間を増やすとともに、耐水性団粒となる糞を大量に排出する。ミミズ糞はアンモニア態窒素の濃度が高く、それが糞の中で急速に硝酸態窒素へと変化する。また、リン酸

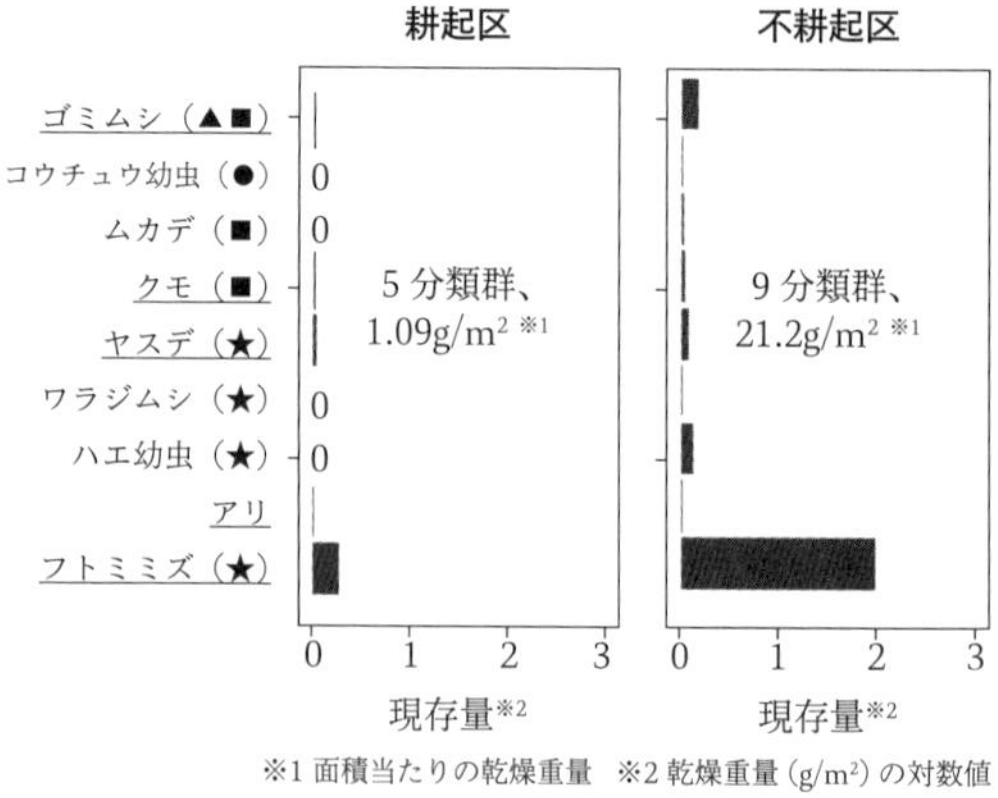

※1 面積当たりの乾燥重量　※2 乾燥重量（g/m²）の対数値

図11－3　あだたら食農schoolfarmの土壌動物相の比較。耕起区の約20倍の土壌動物が不耕起区に生息している。不耕起区では多様性も高く、雑草の種子を食べるゴミムシやムカデのような捕食者、そしてミミズのような腐植食者がバランスよく生息している。一方、耕起区では多様性が低く、ムカデなどがいない。耕さないと多様な土壌動物が活躍する。▲は種子食者、■は捕食者、●は根食者、★は腐植食者を示す。分類群名に下線があるものは両方の区画に出現した。

分解酵素が多いので、可給態のリンも多くなる。動物たちが土の表層の有機物を食べ、地中に移動してそこに糞をすることで、耕耘をしなくても有機物に含まれていた生元素が土に混入していく。

運転席のすぐうしろでトラクターが土を混ぜるのと違って、土壌生態系のメンバーが日々の生活を通して光合成産物を運び、食べ、分解する作業はゆっくりと、だが着実に進む。たった1年や2年でも、毎回農場にやってくる参加者の手の感触として、そして科学的な手順を踏んだ調査によってその変化を知ることができる。実体験も調査もなしに、「不耕起栽培は農業技術としては使えない」と断言する人たちにも、ぜひ農場で作業をした体験者の話を聞いてほしいと思う。

有機農業は持続可能か？

農林水産省による「みどりの食料システム戦略」とそれに続く「みどり新法」の施行により、より環境に配慮した農業を流通や消費を交えて広げていくことが国策となった。その象徴的な目標が有機農業の栽培面積25％という数値目標である。２０５０年を達成年としているが、果たして本気でこれが可能だと思っている人は、どれくらいいるのだろうか？

日本の有機農業は不幸だ。有機農業推進法では、「有機農業は自然の力を活用して、無農薬、無化学肥料、そして遺伝子組換え作物を使わずに栽培する」ものとされている。では、慣行農業とは異なる制約を課された状態で、いったいどうしたら作物を栽培できるというのだろうか？　それについては何も教えてくれない。

有機農業の研究開発に投資された額を正確に知ることはできないが、そして額だけで正確な比較はできないのかもしれないが、「有機でも」作物が育つ理由についてはほとんど研究されていない。特に、どのような土の管理が必要かについては何も示されていない。なぜ、化学肥料や農薬を使わなくても作物が育つのだろうか？

「あだたら食農schoolfarm」の栽培を指導してくれた二本松の有機農業の篤農家は、季節に合わせた栽培、すなわち適期適作の技術に優れている。播種や苗の植え付けの時期を調整し、害虫や病気の出にくいタイミングで作物が育つように工夫している。実際、「あだたら食農schoolfarm」でその技を見て、納得した。さらに近年の気候変動もちゃんと考慮して、以前よりも早く作業したり、作業を遅らせたりという調整もしていた。

一方、土の有機物や生元素を確保するために、大量の牛糞堆肥を毎年投入していた。また、雑草に対しては除草剤を使わないため、ビニールマルチを多用する。マルチを敷いたところは地温が上がるから、春先の気温上昇が関東に比べると遅い二本松でも栽培適期を拡大できる。しかし、マルチを使わないところでは、梅雨頃から雑草が恐ろしい勢いで成長し始め、その後には人が雑草を抜くという骨の折れる作業が待っている。不耕起草生栽培のほうが雑草の繁茂がひどいかというと、実はそんなことはない。トマトの例でいうと、マルチがない耕起区の通路部分とやはりマルチなしの不耕起区の通路と株まわりの除草回数は、２０２２年には同じであった。

また、作物を新たに栽培する前に耕起区では耕耘と施肥を行う。これは、作付けの間隔が開くと雑草が繁茂して見苦しくなるからで、除草の意味も兼ねて、わざわざ草を刈ることなく耕耘により土に鋤き込んで視界から遠ざけている。一方、不耕起区では作付けの際に邪魔な草を少々刈ってその場に置き、地面を少し掘るだけである。つまり、耕耘も除草作業の一部と見なすなら、むしろ耕起区のほうが手間暇をかけて除草しているとも言えるのである。

土は、農地をとりまく環境とともに、そこで農業を行う農家にとってもっとも大切な資本である。頻繁に耕すということと雑草を排除するという点で、日本の有機農業は土の生態系を生かしていない。それどころか、むしろ劣化させている。堆肥依存と機械化、プラスチック資材の使用が前提である今の有機農業は土を大きく損なっているし、外部からのエネルギーと物質の投入に依存しているという点で持続可能ではない。有機農業推進法にある「自然の力を活用する」という視点はどこに行ったのだろうか？

ライ麦畑を抱きしめて

ＦＡＯが世界の小規模家族農業の農家に推奨している保全農法は、必ずしも有機農業に限定しているわけではない。日本で行われている減農薬、減化学肥料は慣行農業での使用量を基準にどれくらい減らしたかを誇る。しかし、慣行農業での使用量にしても、それを何％に削減したかにしても、そもそも基準となる使用量がどのように決められたのか、そしてその半減がどんな意味を持つのかが明らかではない。農薬半減は、農薬汚染のリスクは半分にするかもしれないが、栽培技術上どのような意味を持つのか、実は論理的ではない。

肥料にしても農薬にしても、標準量を決める際はそれを使う人のほとんどが失敗しない量を考える必要がある。使用量が少ないほど経費削減になるはずだが、ぎりぎりの量まで減らしすぎると栽培に失敗しかねない。そのため、誰でも失敗しないように「過剰な値」が標準として設定される傾向にある。そこから削減して使用すると、実際にはそれがおおむね適量となるわけである。

篤農家は、このような事情を知っていて、自分の農地の条件にあわせて独自に調整している。たとえば、化学肥料を減らすと味がよくなることは多くの農家が知っている。標準量を使うのはＪＡのような組織が一律の基準を押し付けているからだ。実際には、言われたままの量の肥料や農薬を使っている農家がほとんどだ。

２０２２年の秋、「あだたら食農schoolfarm」に参加した人や見学に来た人たちが、各地でライ麦を蒔き始めた。自分で借りている農地でライ麦を蒔いたという農業初心者。農家やその友人で作る女子会で共同管理する農地に蒔いたグループ。有機農業の新規就農者たちで運営する試験農場に蒔く例もあった。ベテラン農家は「あだたら食農schoolfarm」の方法にとらわれず、さらに独自の考えを元に自分の農地でも蒔く。ライ麦を押し倒してから何を栽培するかは自由だ。一般向けにライ麦蒔きを体験するワークショップを企画したところ、手伝ってくれたスタッフが作ったチラシには「ライ麦畑を抱きしめて」というタイトルが踊っていた。

有機農業を拡大するには

有機農業推進法が平成18年に制定されてから17年も経つが、有機ＪＡＳとおそらくそれに準じる栽培が行われている農地面積は０・６％程度と考えられている。政府は、いったいどのような方法で２０５０年に25％にしようというのだろうか？　現在挙げられている政策は対症療法的なものばかりである。化学肥料から堆肥への転換を援助するために、適切な土壌診断や堆肥舎の建築にお金を出す。あるいは流通、消費の分野で有機農業の周知をはかるといった程度だ。２０２３年度には新規で有機農業を始める人に、初年度だけ10アール当たり２万円の給付が開始された。

新規に有機農業を始めたい人にとって必要なのは、化学肥料や農薬を使わずに具体的にどのように栽培をするかという技術であろう。南北に細長く地形も複雑な日本では、作物の栽培を全国一律に行えるわけではない。ひとつ山を挟んだ向こうとこちらでも種蒔きの適期が異なる。農家はこのような風土を長年の経験に基づいて体得し、地域にあった栽培をしてきた。そのような農家が経験を基に慣行農業から有機農業に転換するほうが、別のところで研修をしてから移住してきて新規に農業を始める人より適応的に栽培を調整できるだろう。では、慣行農家ができる転換法は何だろうか？

有機栽培であれ慣行栽培であれ、土は農業のもっとも重要な資本だ。化学（化学肥料と農薬）と物理（トラクター）だけで強引に農業を行うことで損なってきた土を再生するには生物が必要である。多くの人は目には見えない微生物が土の中で活躍するという話を聞くと素直に信じるが、手のひらでうごめくミミズも大切な働きをすると言ってもなかなか信じない。ましてや、一生懸命耕すほど、ミミズも微生物もそこに棲めなくなることを知らない。

作物の連作、とくにナス科のナス、トマト、ピーマン、ジャガイモなどのように同じ科の作物を連作してはならない、という掟は農業の初心者でもよく知っているが、なぜ連作障害が起こるか、その根本的な原因はよくわかっていない。もし野生でもたった1年で連作障害が起こるとしたら、植物は大量に種子生産を行って、自分の近くではなく遠くで次の世代が発芽するような戦略をとる必要がある。長年の育種を経たとはいえ、作物としてのナス科の植物たちが、毎年生息場所を変える性質をもつ植物になったとは思えない。逆に連作をすればするほど作物がよく育つと主張する人もいて、実証例もある。

私は「あだたら食農schoolfarm」で二つの体験をした。まず、ハクサイを秋に栽培し、さらに次の年の春、ハクサイの苗をふたたび植えた所では、ヨトウムシの激しい被害にあった。一方、前年にハクサイを植えなかった所に春にハクサイを植えた場合は被害がなかった。トマトは、手違いでフレームの撤去ができなかったので連作をしたところ、こちらは2年目のほうが生育がよかった。

連作で困るのは、その作物固有の病害虫がその場所に残り、次の年ふたたび同じ種類の作物を植えることで格好の餌となり被害が大きくなることがあるという点である。保全農法の採用によって土壌微生物や土壌動物の数量が増えると、慣行農業や耕す有機農業の土と比べて、全体としてははるかに生物多様性が高まる。生物多様性が高い状態では一般に一部の生物の大発生が起こらない。逆に考えると、耕起や薬剤の使用で土の生物多様性が低いことが特定の病害虫の大発生を引き起こす前提を作り出しているのではないか？　たとえば、トビムシや土から羽化するハエ目の成虫は、地表面に生活するサラグモのような小型のクモ類の餌となっている。土の生物バイオマスは地上の10倍もあるので、クモにとっては空中で待つより地面から湧き上がってくる餌を食べるほうがよい（口絵5）。ただし、土壌動物はみな体が小さいので大きなクモにとっては餌が十分ではない。夏以降によく目にするジョロウグモは幼体の時は地表で餌をとり、やがて体が大きくなると高い所に網を張って、トンボのような大きな餌を捕まえる。

農地を保全農法で推奨する管理に移行すること。このことが、慣行農業から有機農業に転換する無理のない方法である。化学肥料や農薬をいきなり止める必要はない。まずは、耕起をやめ地面を敷き藁のような有機物で覆い、カバークロップを導入してみる。これなら、農家にとって不安はない。ただし、土の生態系が変化して微生物や土壌動物の数が増え、多様性が高まるまでには時間がかかる。特に、広々とした平野の真ん中の一画だけを保全農法に転換しても、微生物はともかくミミズのような大型土壌動物がその場所にたどり着くには長い時間がかかるだろう。その意味では森林や耕作放棄地に隣接している場所のほうが有利である。日本の中山間地の農地は狭く、日当たりが悪いので面積当たりの生産量がどうしても平野の農地より少ないが、土の生物多様性を再生するには平野より有利なのだ。

保全農法へ転換すれば、トラクターの出番が減り、燃料費や修理代、そして運転に使う時間を節約できる。化学肥料や農薬は以前より減らしても生産量は減らないはずだ。どのように減らすかは農家の腕次第だ。農地の特性をよく知る農家が、大地と会話し、経営を改善するために自由になった時間を農地の観察や学びに使う。このことが、有機農業への転換にもっとも効果的である。

化学肥料や農薬は誰がどこで使っても同じように働く、いわば絶対的技術である。一方、風土の違いを理解し、季節にあわせて栽培する有機農業はその場所固有の経験知が中心となる。気候風土が異なる場所での経験はほとんど役に立たない。一方、個性はあるものの、生物は生態学が明らかにしてきた共通の原理で動いている。化学、物理の農業から生物の農業に移行するには、生態学の知識が必要である。

土の中では生態学の原理で微生物と土壌生物が相互作用を行い、環境を変えている。保全農法では最大限にこの土壌生態系を尊重し、損なわないようにしつつ、人の都合で自分たちが食べたい作物をそこに預けている。生態系の機嫌を損なわないように、作物を共生させてもらう。このような態度は、自然農とよばれる不耕起で雑草草生を実践してきた先達たちの態度と重なる。土壌生態学の発展を経て、ようやく私たちは自然農の境地を理解できるようになってきたのだ。

おわりに　土を守ることは、自分を守ること

原発事故と福島の有機農業

２０１１年３月の東北地方太平洋沖地震で、福島第一原子力発電所から大量の放射性物質が環境中に放出された。事故が起こったとき、私は横浜国立大学の研究室にいた。当時、福島県の農業や有機農業に関する知識はまったくなかった。

福島県は、首都圏に近く、比較的冷涼な気候が幸いして害虫の発生が少ないため、有機農産物の生産にとって条件がよい。そこで、福島県は２００４年から有機農業の推進に組織的に取り組み始めた。県農業試験場（現在は総合農業センター）で有機農業技術の開発に着手し、浜通りの双葉農業普及所に有機農産物推進担当を３名配置した。２００６年には農業試験場に有機農業推進室が設置され、ＪＡＳ法に基づく有機農産物認定業務を県として開始した。２００９年には「有機栽培の手引き」が、２０１０年には「福島県有機農業推進計画」が策定されている。このように福島県では、全国的に見ても震災直前まで有機農業への先進的な取り組みがなされていた。水稲と野菜、果

樹を合わせた県内の有機JASの栽培面積は2004年の137ヘクタールから2010年には倍増して282ヘクタールに達した。

残念なことに、震災は拡大を続けてきた福島県の有機農業に大きな打撃を与えた。しかし、栽培面積の推移を見ると震災によって面積が一気に減少したわけではなく、緩やかに減少していき、2019年に栽培面積は157ヘクタールまで減少した。県をあげての有機農業推進施策によって6年かけて栽培面積が倍増したが、震災後8年かけて施策開始時の面積にほぼ戻ったと言える。

福島県は、北海道、岩手県に次いで、都道府県の中で3番目に広い面積を持ち、三つの地域にわかれている。すなわち、太平洋側に面し、福島第一、第二原子力発電所が立地する「浜通り」、県庁所在地の福島市、中核都心の郡山市、精密工業が発達する白河市などが南北に走る低地に並ぶ「中通り」、そして奥羽山脈の西に位置する「会津」である。原発からの直線距離と汚染状況はまったく関係がない。原発に近い浜通りが一様に汚染されたわけでもないし、会津は福島県とはいえ県外の他の地域に比べはるかに汚染は少ない。それでも「福島県産」として農産物をひとくくりにしたときに、消費者の頭にはこのような地図は浮かびにくいだろう。

拙速な全農地除染、大きな無駄遣い

事故が3月に起き、農家は放射性物質という見えない汚染物質の脅威に直面した。避難区域では当然ながら農業ができなくなったが、そうでない地域の農家は耕作の継続か中止かでひどく悩んだ。

たとえば、避難区域となった川俣町山木屋地区に隣接する二本松市東和地区では、研究者のアドバイスを受けつつ実際の汚染状況を把握し、作物への移行を抑制する栽培を行い、農作物を出荷する際に自主的に全量検査をすることで農業を継続した。

その後、避難区域では住居や道路の除染と並行して農地除染が行われた。その手法は、もっとも肥沃な表土を10センチ前後剝ぎ取り、汚染されていない山砂を同じ厚さに敷いていくというものである。そうすると、放射能の強さを表す空間線量が下がる。さらに、除染後の農地で試験栽培をして作物に放射性セシウムが基準値より少ないことを確認する。避難解除に合わせてこのような作業が広大な面積で実施された。

奇妙なことに農地除染は、事故の時に耕作放棄に近かった農地も含めてすべての農地で実施されていった。しかし、２０２２年の時点で原子力被災12市町村での農業の再開面積は３２・２％であり、なかなか再開されていない。除染は、そもそも面積が狭かったり、水利や日当たりの悪かったりする農地も画一的に対象とされた。事故がなくても地方の人口が減少し、営農面積が減少していくことは容易に予想できた。そこまでして条件の悪い農地で営業再開を目指す必要があったのだろうか？　農地の土は表層ほど肥沃である。その土は長年、農家が自然と対話してともに作物を育ててきた財産である。すぐに農業が再開されない場所では、表土を剝ぎ取り入れ替える以外の方法で、表土を維持しながら時間をかけて利用再開を目指すべきだったのではないだろうか。

福島県の農産物の風評被害は徐々に解消されていった。しかし、汚染がまったくなかった会津産の米は、震災前までは評価が高かったのに、震災後は上質米としての評価が戻らず、安く取引される業務用米の地位に落ちたまま価格が上昇していない。

放射性セシウムは徹底した除染と出荷物の検査という努力によって低いレベルに制御することができた。しかし、慣行農法の農地では農薬や化学肥料が使われている。安全な食を追求するならば農薬も化学肥料もなるべく減らすほうがよい、ということは農林水産省も認めている。そのことを考えると、事故後の農業復興の切り札として、福島県全体で有機栽培に転換するという選択肢もあったと思う。

大腸と大地

アメリカの地形学者モントゴメリーは、『土の文明史』[1]『土と内臓』[2]『土・牛・微生物』[3]という土に関する三作を書き、日本でも広く知られるようになった。『土の文明史』では彼の専門である地形の生成、特に侵食によって土壌が劣化し、それが古代文明の滅亡の根本的な原因となったという視点を示した。これはダイアモンドの『文明崩壊』でも示されている。続く『土と内臓』では、体調を壊した妻と自宅の庭の土を再生するストーリーが中心になっている。そして、3作目の『土・牛・微生物』では保全農法を研究・実践している機関や農家を訪ねて、土壌生態系の機能を活かした農業の今後の方向性を示している。

私たちの体には想像できないくらい多数の微生物が共存しており、それらの多くは私たちの健康を維持するために欠かせない。特に、大腸には1000種を超す細菌が生息しており、人が合成できない物質を合成して供給したり、免疫機能を人体とともに担ったりしている。これらの細菌は、胃や小腸で消化、吸収されなかった食物をさらに利用して生活している。食物繊維のように人には消化しにくいものが大腸微生物にとってのご馳走となっている。モントゴメリーは根圏に生息する微生物が大腸微生物とそっくりな働きをしていると考えた。

実際には、根圏には大腸よりも多様な微生物が生息し、より複雑な相互作用をしている。恒温動物である人の大腸は根圏に比べれば単純な構造の環境で、温度や水分が一定で、餌となる食物もコンスタントに供給される。それと比較すると、根圏は土の中で複雑な構造をしており、地温や土壌水分の変動がある。植物から微生物の餌となる有機物が供給されるが、植物の種類や季節によってその内容は変化する。

モントゴメリーの大腸と根圏の類似性に関する議論の中で興味深いのは、利用されにくいものが重要であったという点だ。かつて大腸は排泄物の一時的な貯留場所であり、他に特に機能はないと考えられていた。同じように食物繊維は、消化されにくいため、加工食品の製造過程ではむしろ食品から排除される対象であった。ところが、人の健康に大腸の微生物はきわめて重要であり、脳の状態にも影響することがわかってきた。食品の食物繊維は胃や小腸で消化されずに大腸まで届くことに意味があり、大腸微生物を支えていたのだ。農業では化学肥料のように生育に直結する生元素を供給すれば作物はよく反応するので、それだけで十分だと考えられていた。そして、収穫残渣は病原菌を増やすという恐れから、農地から持ち出され、時には焼却されてきた。しかし、陸上生態系では植物の体の9割以上が、動物に食べられずに分解系によって利用されている（第2章）。根圏から分解系にまで視野を拡大してみると、大腸における食物繊維のような役割を、土壌においては枯れた有機物が果たしているのである。一見、生産に関係ないと思われる枯れた有機物は土の生き物を維持するのに重要な資源だったのだ。これは大腸と根圏の類似性というより、大腸と土の類似性と言うほうが適切だろう。

土の健康の評価項目を増やす

第1章で述べたように、土壌学では「「よい土」とは、肥沃で、水もちと排水がよい土のことである」と考えられてきた。その他にも「土の健康」や「土の質」という概念がある。健康な土とはいったいどんな状態を指すのだろう。

「土の質」は、作物を生産できる土のことを指す。すなわち、化学性や物理性の評価を通して、より速くより大きく作物を育てることができる土が質のよい土というわけだ。土壌学の「よい土」に近く、農業生産の立場からの定義である。一方、健康な土の定義は、FAOによると「植物の生長や繁殖に必要な必須元素や水を適切に供給し、それらを阻害するような有害なものを含まない状態」としている。言葉は似ているが、視点は大きく異なる。

米国農務省の自然資源保全局は「土壌の健康あるいは質とは、植物、動物、人を支える活力のある生態系として長期に機能しうるもの」と定義している。一方、一般に土の健康にとっての脅威は、気候変動、塩類化、土壌侵食、圧密化、養分欠乏、重金属や農薬による汚染、人による病原菌の持ち込み、そして過放牧などである。(4)

これらの定義からわかることは、土の健康は、当初は物理性・化学性のみを重視する、あるいは生産力を優先する視点から考えられていたということである。それが現在、土壌の持つ水の浄化能力、気候変動への影響、そして人の健康も含むべきであると考えられるようになってきた。

土の健康は農地の管理指針として重要である。これまでの物理性や化学性の評価に加えて、近年、遺伝子解析や生化学的手法を使って、生物性、特に微生物の状態をモニターすることが可能になってきた。これらの新たな方法を使って土を評価するビジネスも成長している。

このような経緯を踏まえて、改めて「土はどんな状態のときに健康であるか」、そして「どうやったら土を健康にできるか」を知りたいという人が増えている。

人の健康を定義するのが難しいように、土の健康を定義するのも難しい。少なくとも、大腸の内部を何かで引っ搔いたら人の健康を害すのと同じように、土を耕すと土の健康が失われるだろう。消化、あるいは分解しにくいものを資源とすることや、物理的な攪乱がなく安定した状態であるほうがよいことも、大腸と土で共通している。

土の健康と私たちの健康

食の安全は、有害物質や病原性生物の混入など、主に危険の排除の面から考慮されてきた。たとえば、学校給食の現場では食中毒を発生させないことがもっとも重視される。しかし、食育の観点まで視野を広げると、他にも問うべきことがある。子どもたちが今口にしているものは、どこで誰によってどのように作られたのだろうか？　その過程で環境に余計な負荷を与えて汚染を引き起こしたり、働く人たちの人権が侵害されたりといった不都合なことが起きていないだろうか？　その食品を食べることが自分たちの健康と、長い目で見てどのようにつながっているのだろうか？　これらについて理解した上で、一緒に点検できるとよいだろう。

これは単にエシカルな消費に農家が合わせるということではない。農業生産力という農家個人の私的な価値観から、農業と食が公共財を担う存在であるという価値観への転換を意味している[5]。すなわち、食を担う農業は生物多様性の保全、環境汚染の防止、さらには気候変動の防止といった公共的な役割を持つ。もちろん、食品としての安全性も重要だ。これらの責任を果たすには土を健康に保つことが求められる。

本書は、農地ではおそらく見向きもされないミミズという生き物の役割を知ることで、土の持つ公益的機能を守ることが翻って農家自らの生産力の安定性をもたらすはずである、という視点を示してきた。農法を転換することにより農地にミミズの生息を認めることは、生産現場で考慮されてこなかった農業の外部経済効果を取り込んで、公共財としての土壌をとりもどすことにつながるのである。

いくら有機農業が土の健康によいと言っても、頻繁に土を耕す農地にはミミズは棲めない。そして、他の土壌動物、そして微生物も多様性、数量ともに少ない状態になる。すなわち、そのような土はとても健康とは言えないのだ。農地、特に畑作を行っている場所は、自然界では草原に近い生態システムである。本来は、草原では病害虫が大発生せず、気象条件の変化によっても、あまり「収穫量」が変動しない状態にある。このようなシステムが安定した状態を農地で維持するには、土の生物たちの多様性が確保されなくてはならない。

モントゴメリーの新刊は *What your food ate* だという。私たちの食べている食物が植物として育つときにどんな土で育ち、その体を作ったのか？　よく私たちの体は私たちがそれまでに食べたものからできているというが、その食物が何を食べてきたかも重要であろう。劣化した土壌で育った作物と、ミミズを含む多様な土壌生物とともに育った作物の違いは土壌生態学の立場からはとても大きいと思う。

２０２３年４月に福島大学大学院食農科学研究科が新設され、日本の大学院としては初めて「アグロエコロジープログラム」を設置することができた。アグロエコロジーは農業生態学とも訳されるが、新たに始まった「総合農学」と捉えるとわかりやすい。要素技術の追求ばかり行っている現代の農学に対して、生態系の機能をうまく活用して農家や家畜、そして環境への負担が少なく、真に持続可能で安全な食を生み出すための新しい科学である。

土壌生態学を研究してきた私は、長い間、農業とこの分野は無縁のものと思ってきた。しかし、私と同世代の世界の土壌生態学者たちはみな、耕さない土の生物多様性と生態系機能の高さに気がつき、地球環境の危機の時代にあって土壌を生態系として保全することの重要性を主張している[6]。トリやケモノの保全を考える時、農地は除外されることも多い。しかし、私たちの大切な食をになう農地だけを、生物多様性に負の影響を持ち、地球環境への負荷があっても仕方がないと考える必要はないだろう。農地でミミズが棲める管理を行うことが他の生物たちの多様性を高め、地球環境への負荷を減らし、何より安全な食の生産につながるのだ。

あとがき

本書を書いている間に、日本でも「リジェネラティブ農業」という言葉が急速にひろがってきた。本文にも書いたように、「リジェネラティブ農業」にまだ定義はない。その時々で内包する手法が異なるので、今後しばらくは、使う側、受け取る側で混乱があるだろう。しかし、Regenerative（再生）という言葉が共感を集めることには共通する理由がありそうだ。

日本の経済成長が長期にわたり低迷し、人口も減少に転じ、さまざまな国際指標でも日本の地位が下がっていく状況が続いている。従来のように「成長」を期待することが難しい中で、新たな価値観への転換が模索されているように思う。そこで、おぼろげながら「再生」や「持続可能」などの言葉が注目されているのだろう。

生物は常に生と死がセットである。際限なく生き続け、成長し続けることはない。生態系は生物と環境の相互作用系であり、生と死を目まぐるしく繰り返す生物で構成されているが、系全体としては極めて安定している。「成長」から「持続可能」であることを志向するなら、このような自然界のあり方を学び、沿おうとすることは理にかなっている。

しかし自然界でも、これまでに経験したことがない異常気象が異常ではなく日常として起こるようになった。大気中の二酸化炭素濃度の上昇によって生態系を包み込む気候が大きく変わりつつあることを、多くの人が実感しているだろう。人の成長志向は、学ぶべき自然界までぐらつかせてしまっている。

私は本書で、農業の専門家ではないにもかかわらず、近代的な農業である慣行農法も、農薬や化学肥料を使わない有機農法も農地の扱い方として間違っていると主張してきた。「間違いを正すには生態系をお手本とするしかない」ということが結論である。私にとっては、Regenerative という言葉に、「従来のやり方で傷んだシステム（系）を修理して作り直す」というニュアンスを強く感じる。農のあり方にも、閉塞感を打ち破る新規性が期待されているのではないかと思う。

命を持たない農業機械に耕される農地と違って、常に死が生とセットである生物が主役である農地こそが、真に持続可能である。すなわち「再生」産可能なことが、本来の Regenerative の意味ではないだろうか？　単に「再生」することではなく、いままでの農業のやり方の間違いを正して、土壌生態系を大切にすることで「再生」産可能にしようということだ。多くの人にとってなかなか受け入れ難い手法である不耕起栽培も、一気に採用される時が来るかもしれないと期待している。

その気運はすでに生まれている。私は福島に来て、新しい農学部と新しい大学院を作り、その中に日本で初めてアグロエコロジーのプログラムを作ることができた。「農業」について考え、実際に栽培しつつ研究を行ったこの5年間は、それまでの大学生活に比べて、何倍も濃い時間となった。

私はなぜこれほどまでに「耕さない」ことに情熱を注ぐのだろう。自分でもよくわからなかったが、あるとき、私はミミズをはじめとする多くの土壌生物をこれ以上農地で無駄死にさせたくないのではないか、と気がついた。

長期間にわたり不耕起栽培を続けた農地であっても、一度耕せばたちどころに劣化する。大きなミミズをはじめとして小さな微生物に至るまで、その農地の土壌生物は激減する。やむなく農地を耕すとしたら、土壌生物が減り、農家にとって大切な財産である土壌を損ない、農場経営にとっては損失になることを思い出してほしい。そして、なるべく土を撹乱しない管理を工夫してほしい。

本書で紹介した私のチームによる研究は、大学でともに研究した学生諸君の努力の賜物である。一緒に同じテーマに取り組むことで、私自身が学生諸君から多くのインスピレーションをいただいた。一緒に土に潜ってくれたすべての人々と土の生き物たちに感謝したい。

本書は、みすず書房の市田朝子さんに「月刊みみず」、ではなく「月刊みすず」での連載にお誘いいただいたことがきっかけで実現した。最初は新しく作る大学院の学生募集に間に合うように出版したいなどと言っていたが、完成まで時間がかかってしまった。口ばかりで筆が進まない著書を最後まで引っ張ってくださった市田さんに改めて感謝したい。

ミミズを保全する管理をこころがけても、必ず思うような成果が得られるとは限らないが、不可能でもないだろう。いつものようにミミズを探していたら、土の中のあやしげな箱をミミズが守っていた。箱を開けると、こんなメッセージが流れた。
「君たちの使命は、保全農法を導入して私たちミミズに人類の食を支えてもらうことである。土壌生物と共生する以外に、君たちが生き残る道はない。健闘を祈る！」

金子信博

二〇二三年一〇月

索　引

サ

マ

ヤ

ラ

参考文献

第1章　土、身近なる未知

1）渡辺弘之『ツキノワグマの話』NHK出版, 1974年
2）青木淳一『土壌動物学——分類・生態・環境との関係を中心に』北隆館, 1973年
3）Ruiz, S., Or, D., Schymanski, S.J., 2015. Soil Penetration by Earthworms and Plant Roots: Mechanical Energetics of Bioturbation of Compacted Soils. *PLoS One* 10, e0128914.
4）金子信博「土のなかの生物多様性を農業に活かす」科学 85, 1091–1095, 2015年
5）金子信博『土壌生態学入門——土壌動物の多様性と機能』東海大学出版会, 2007年
6）J・スコット・ターナー『生物がつくる〈体外〉構造——延長された表現型の生理学』滋賀陽子訳, 深津武馬監修, みすず書房, 2007年

第2章　落ち葉のバランス

1）Floudas, D., et al., 2012. The paleozoic origin of enzymatic lignin decomposition reconstructed from 31 fungal genomes. *Science* 336, 1715–1719.
2）Sage, R.F., Monson R.K. (Eds.), 1999. Why C_4 Photosynthesis? *C_4 Plant Biology* 3–16, Academic Press.
3）鈴木邦雄『水に浮かぶ森——消える熱帯アジアの泥炭湿地林』熱帯のエコロジーシリーズ, 信山社出版, 1997年
4）Salamanca, E.F., Kaneko, N., Katagiri, S., 2003. Rainfall manipulation effects on litter decomposition and the microbial biomass of the forest floor. *Applied Soil Ecology* 22, 271–281.
5）Kaneko, N., Salamanca, E.F., 1999. Mixed leaf litter effects on decomposition rates and soil microarthropod communities in an oak-pine stand in Japan. *Ecol. Res.* 14, 131–138.
6）Porre, R.J., van der Werf, W., De Deyn, G.B., Stomph, T.J., Hoffland, E., 2020. Is

litter decomposition enhanced in species mixtures? A meta-analysis. *Soil Biology and Biochemistry* 145, 107791.
7) Kitz, F., Steinwandter, M., Traugott, M., Seeber, J., 2015. Increased decomposer diversity accelerates and potentially stabilises litter decomposition. *Soil Biology and Biochemistry* 83, 138–141.

第3章　足元に潜む生物群 X

1) 金子信博編著『土壌生態学（実践土壌学シリーズ 2）』朝倉書店, 2018 年
2) Orgiazzi, A., Bardgett, R.D., Barrios, E., Behan-Pelletier, V., Briones, M.J.I., Chotte, J-L., De Deyn, G.B., Eggleton, P., Fierer, N., Fraser, T., Hedlund, K., Jeffery, S., Johnson, N.C., Jones, A., Kandeler, E., Kaneko, N., Lavelle, P., Lemanceau, P., Miko, L., Montanarella, L., Moreira, F.M.S., Ramirez, K.S., Scheu, S., Singh, B.K., Six, J., van der Putten, W.H., Wall, D.H. (Eds.), 2016. *Global Soil Biodiversity Atlas*. European Commission, Publications Office of the European Union, Luxembourg.
3) Fierer, N., Strickland, M.S., Liptzin, D., Bradford, M.A., Cleveland, C.C., 2009. Global patterns in belowground communities. *Ecology Letters* 12, 1238–1249.
4) Bardgett, R.D., van der Putten, W.H., 2014. Belowground biodiversity and ecosystem functioning. *Nature* 515, 505–511.
5) Anthony, M.A., Bender, S.F., van der Heijden, M.G.A., 2023. Enumerating soil biodiversity. *Proceedings of the National Academy of Sciences of the United States of America* 120, e2304663120.
6) Treonis, A.M., Wall, D.H., Virginia, R.A., 1999. Invertebrate biodiversity in antarctic dry valley soils and sediments. *Ecosystems* 2, 482–492.
7) Lavelle, P., Bignell, D., Lepage, M., Wolters, V., Roger, P.A., Ineson, P., Heal, O.W., Dhillion, S.P, 1997. Soil function in a changing world: the role of invertebrate ecosystem engineers. *European Journal of Soil Science*. 33, 159–193.
8) 金子信博, 伊藤雅道「土壌動物の生物多様性と生態系機能（特集2　土壌生態学の新展開）」日本生態学会誌 54, 201–207, 2004 年.

第4章　ミミズは不可視の要石である

1) Bouché, M.B., 1977. Strategies lombriciennes. *Ecological Bulletins* 25, 122–132.
2) Uchida, T., Kaneko, N., Ito, M.T., Futagami, K., Sasaki, T., Sugimoto, A., 2004. Analysis of the feeding ecology of earthworms (*Megascolecidae*) in Japanese forests using gut content fractionation and δ^{15}N and δ^{13}C stable isotope natural abundances. *Applied Soil Ecology* 27, 153–163.
3) Toyota, A., Tayasu, I., Fujimaki, R., Kaneko, N., Uchida, M., Shibata, Y., Hiura, T., 2010. Effects of vegetation switch and subsequent change in soil inverte-

brate composition of soil carbon accumulation patterns, revealed by radiocarbon concentrations. *Radiocarbon* 52, 1471–1486.

4) Hyodo, F., Uchida, T., Kaneko, N., Tayasu, I., 2012. Use of radiocarbon to estimate diet ages of earthworms across different climate regions. *Applied Soil Ecology* 62, 178–183.

5) Kawaguchi, T., Iwashima, N., Masunaga, T., Hiura, T., Kaneko, N., 2011. The role of epigeic Japanese earthworms (*Megascolecidae*) in soil nutrient cycling and aggregation in a deciduous oak forest soil: A long-term field experiment. *Edaphologia* 88, 19–30.

6) Suáez, E.R., Pelletier, D.M., Fahey, T.J., Groffman, P.M., Bohlen, P.J., Fisk, M.C., 2004. Effects of exotic earthworms on soil phosphorus cycling in two broadleaf temperate forests. *Ecosystems* 7, 28–44.

7) Suárez, E.R., Fahey, T.J., Yavitt, J.B., Groffman, P.M., Bohlen, P.J., 2006. Patterns of litter disappearance in a northern hardwood forest invaded by exotic earthworms. *Ecological Applications* 16, 154–165.

8) Craven, D., et al., 2017. The unseen invaders: introduced earthworms as drivers of change in plant communities in North American forests (a meta-analysis). *Global Change Biology* 23, 1065–1074.

9) Kawaguchi, T, Kyoshima, T., Kaneko, N., 2011. Mineral nitrogen dynamics in the casts of epigeic earthworms (*Metaphire hilgendorfi*: Megascolecidae). *Soil Science and Plant Nutrition* 57, 387–395.

10) Arai, M., Tayasu, I., Komatsuzaki, M., Uchida, M., Shibata, Y., Kaneko, N., 2013. Changes in soil aggregate carbon dynamics under no-tillage with respect to earthworm biomass revealed by radiocarbon analysis. *Soil and Tillage Research* 126, 42–49.

11) Phillips, H.R.P., et al., 2019. Global distribution of earthworm diversity. *Science* 366, 480–485.

第５章　沈黙するミミズたち

1) レイチェル・カーソン『沈黙の春』青樹簗一訳, 新潮社, 1974 年

2) 小松崎将一, 金子信博「有機農業と環境保全」澤登早苗, 小松崎将一編『有機農業大全——持続可能な農の技術と思想』pp. 206–271, コモンズ, 2019 年

3) Briones, M.J.I., Schmidt, O., 2017. Conventional tillage decreases the abundance and biomass of earthworms and alters their community structure in a global meta-analysis. *Global Change Biology* 23, 4396–4419.

4) Tuck, S.L., Winqvist, C., Mota, F., Ahnström, J., Turnbull, L.A., Bengtsson, J., 2014. Land-use intensity and the effects of organic farming on biodiversity: a hierarchical meta-analysis. *Journal of Applied Ecology* 51, 746–755.

5) Arai, M., Miura, T., Tsuzura, H., Minamiya, Y., Kaneko, N., 2018. Two-year responses of earthworm abundance, soil aggregates, and soil carbon to no-tillage

and fertilization. *Geoderma* 332, 135–141.

第6章　なぜ農業に生物多様性が必要なのか

1) Dirzo, R., Young, H.S., Galetti, M., Ceballos, G., Isaac, N.J.B., Collen, B., 2014. Defaunation in the Antropocene. *Science* 345, 401–406.
2) Wagner, D.L., 2020. Insect declines in the anthropocene. *Annual Review of Entomology* 65, 457–480.
3) Riedo, J., Wettstein, F.E., Rösch, A., Herzog, C., Banerjee, S., Büchi, L., Charles, R., Wächter, D., Martin-Laurent, F., Bucheli, T.D., Walder, F., van der Heijden, M.G.A., 2021. Widespread Occurrence of Pesticides in Organically Managed Agricultural Soils: the Ghost of a Conventional Agricultural Past? *Environmental Science and Technology* 55, 2919–2928.
4) Orgiazzi, A., et al., 2016. *Global soil biodiversity Atlas,* EUR. European Commission, Luxembourg.
5) Tilman, D., Isbell, F., Cowles, J.M., 2014. Biodiversity and ecosystem functioning. *Annual Review of Ecology, Evolution and Systematics* 45, 471–493.
6) Pausch, J., Kuzyakov, Y., 2018. Carbon input by roots into the soil: Quantification of rhizodeposition from root to ecosystem scale. *Global Change Biology* 24, 1–12.
7) Berendsen, R.L., Pieterse, C.M.J., Bakker, P.A.H.M., 2012. The rhizosphere microbiome and plant health. *Trends in Plant Science* 17, 478–486.
8) Kitz, F., Steinwandter, M., Traugott, M., Seeber, J., 2015. Increased decomposer diversity accelerates and potentially stabilises litter decomposition. *Soil Biology and Biochemistory* 83, 138–141.
9) Keller, T., Or, D., 2022. Farm vehicles approaching weights of sauropods exceed safe mechanical limits for soil functioning. *Proceedings of the National Academy of Sciences of the United States of America* 119, e2117699119.

第7章　数百万年の土壌劣化、百年の土壌劣化

1) 宿聚田, 片桐成夫, 金子信博, 長山泰秀「焼畑にともなう火入れが土壌の窒素動態に与える影響——斜面地形との関係」日本林学会誌 78, 257–265, 1996年
2) 宿聚田, 片桐成夫, 金子信博「火入れ後の森林土壌の無機態Nの動態の短期変化——弱度の火入れの場合」日本林学会誌 79, 37–42, 1997年
3) 河合翔馬, 山下多聞, 片桐成夫「奥出雲町焼畑造林地における火入れ後の地上部バイオマスおよび土壌有機物の動態」島根大学生物資源科学部研究報告 14, 39–43, 2009年
4) 長谷川祐子, 金子信博, 松本卓也, 佐藤邦明, 岩島範子, 増永二之「島根県奥出雲町の造林地土壌の理化学性への火入れの影響」島根大学生物資源科学部研究報告

16, 11–16, 2011 年
5) Vitousek, P.M,, 2004. *Nutrient cycling and limitation: Hawai'i as a model system.* Princeton University Press, Oxford and Princeton, 223pp.
6) FAO. 2021. *The State of the World's Land and Water Resources for Food and Agriculture: Systems at breaking point.* Synthesis report 2021. Rome.
7) ジャレド・ダイアモンド『文明崩壊――滅亡と存続の命運を分けるもの』上下, 楡井浩一訳, 草思社文庫, 2012 年
8) デイビッド・モントゴメリー『土の文明史――ローマ帝国、マヤ文明を滅ぼし、米国、中国を衰退させる土の話』片岡夏実訳, 築地書館, 2010 年
9) Moyer, J. Stoll, S. Schaeffer, Z, Smith, A. Grega, M. Weiss, R. Fuhrman, J., 2020. *The power of the plate: the case for regenerative organic agriculture in improving human health.* Rodale Institute.

第 8 章　無肥料栽培でどこまで育つ？

1) Hayashi, K., 2022. Nitrogen cycling and management focusing on the central role of soils: a review. *Soil Science and Plant Nutrition* 68, 514–525.
2) Rockström, J., et al., 2009. A safe operating space for humanity. *Nature* 461, 472–475.
3) 三島慎一郎, 秋山博子, 八木一行, 神山和則「家畜ふん尿堆肥に含まれる肥料成分の傾向と堆肥化に伴う窒素消失率の推定」日本土壌肥料学雑誌, 79, 370-375, 2008 年
4) Steffen, W., Grinevald, J., Crutzen, P.J., McNeill, J., 2011. The Anthropocene: conceptual and historical perspectives. *Philosophical Transactions of The Royal Society A Mathematical, Physical amd Engineering Sciences* 369, 842–867.

第 9 章　暗中模索する人びと

1) Mayer, J., Scheid, S., Widmer, F., Fliessbach, A., Oberholzer, H.R., 2010. How effective are "Effective microorganisms®(EM)"? Results from a field study in temperate climate. *Applied Soil Ecology* 46, 230–239.
2) 後藤逸男「微生物資材の土壌科学的評価」土と微生物 53, 91-101, 1999 年
3) Fierer, N., Leff, J.W., et al., 2012. Cross-biome metagenomic analyses of soil microbial communities and their functional attributes. *Proceedings of the National Academy of Sciences of the United States of America* 109, 21390-21395.
4) Ling, N., Wang, T., Kuzyakov, Y., 2022. Rhizosphere bacteriome structure and functions. *Nature Communications* 13, 836.
5) Pausch, J., Kuzyakov, Y., 2018. Carbon input by roots into the soil: Quantification of rhizodeposition from root to ecosystem scale. *Global Change Biology* 24, 1–12.

6) Irshad, U., Villenave, C., Brauman, A., Plassard, C., 2011. Grazing by nematodes on rhizosphere bacteria enhances nitrate and phosphorus availability to *Pinus pinaster* seedlings. *Soil Biology and Biochemistry* 43, 2121–2126.

第10章　ミミズの農業改革

1) 三浦季子, 金子信博, 小松崎将一「不耕起・草生・低投入栽培下における畑地土壌のミミズを介した可給態リンの供給——茨城県の農家が営む自然農法畑の事例から」有機農業研究 2, 30–39, 2010 年
2) van Groenigen, J.W., van Groenigen, K.J., Koopmans, G.F., Stokkermans, L., Vos, H.M.J., Lubbers, I.M., 2019. How fertile are earthworm casts? A meta-analysis. *Geoderma* 338, 525–535.
3) 福岡正信『自然農法　わら 1 本の革命』春秋社, 2004 年
4) Reganold, J.P., Wachter, J.M., 2016. Organic agriculture in the twenty-first century. *Nature Plants* 2, 15221.
5) https://www.fao.org/conservation-agriculture/en/
6) Kassam, A., Friedrich, T., Derpsch, R., 2018. Global spread of Conservation Agriculture. *International Journal of Environmental Studies* 76, 29–51.
7) Claassen, R., Bowman, M., McFadden, J., Smith, D., Wallander, S., 2018. *Tillage Intensity and Conservation Cropping in the United States*. EIB-197, U.S. Department of Agriculture, Economic Research Service.

第11章　無理のない転換のために

1) Moyer, J. 2021 *Roller/Crimper No-Till: Advancing No-Till Agriculture*, CO ACRES USA, pp260.
2) Ryan, M.R., Mirsky, S.B., Mortensen, D.A., Teasdale, J.R., Curran, W.S., 2011. Potential Synergistic Effects of Cereal Rye Biomass and Soybean Planting Density on Weed Suppression. *Weed Science* 59, 238–246.
3) 金子信博, 根本敬, 渡邊芳倫「有機，不耕起の参加型実証農園での学び〜あだたら食農 school farm の経験から〜」日本有機農業学会誌（掲載予定）

おわりに　土を守ることは、自分を守ること

1) デイビッド・モントゴメリー『土の文明史——ローマ帝国、マヤ文明を滅ぼし、米国、中国を衰退させる土の話』片岡夏実訳, 築地書館, 2010 年
2) デイビッド・モントゴメリー, アン・ビクレー『土と内臓——微生物がつくる世界』片岡夏実訳, 築地書館, 2016 年
3) デイビッド・モントゴメリー『土・牛・微生物——文明の衰退を食い止める土の

話』片岡夏実訳, 築地書館, 2018 年
4) FAO and ITPS. 2015. *Status of the World's Soil Resources (SWSR) : Main Report.* Food and Agriculture Organization of the United Nations and Intergovernmental Technical Panel on Soils, Rome, Italy.
5) 藤原辰史『縁食論——孤食と共食のあいだ』ミシマ社, 2020 年
6) FAO, ITPS, GSBI, SCBD and EC. 2020. *State of knowledge of soil biodiversity -Status, challenges and potentialities,* Report 2020. Rome, FAO.

著者略歴

（かねこ・のぶひろ）

1959年生まれ．京都大学大学院農学研究科林学専攻修士課程修了．島根大学生物資源科学部助教授，横浜国立大学大学院環境情報研究院教授を経て，2019年から福島大学食農学類教授．農学博士．専門は土壌生態学，森林生態学．2023年4月に大学院としては日本初のアグロエコロジープログラムを福島大学大学院食農科学研究科に開設．著書『土壌生態学入門』（東海大学出版会，2007），編著 *Sustainable Living with Environmental Risks*（Springer，2014），編著『土壌生態学』（朝倉書店，2018），分担執筆『有機農業大全』（コモンズ，2019）などがある．

金子信博

ミミズの農業改革

2023年12月1日　第1刷発行
2024年3月26日　第2刷発行

発行所 株式会社 みすず書房
〒113-0033 東京都文京区本郷2丁目20-7
電話 03-3814-0131(営業) 03-3815-9181(編集)
www.msz.co.jp

本文・口絵組版 キャップス
本文・口絵印刷所 中央精版印刷
扉・表紙・カバー印刷所 リヒトプランニング
製本所 誠製本
装丁 細野綾子

ISBN 978-4-622-09640-5
[ミミズののうぎょうかいかく]